学ぶ人は、
変えて
ゆく人だ。

目の前にある問題はもちろん、

人生の問いや、

社会の課題を自ら見つけ、

挑み続けるために、人は学ぶ。

「学び」で、

少しずつ世界は変えてゆける。

いつでも、どこでも、誰でも、

学ぶことができる世の中へ。

旺文社

直接書き込む

やさしい
数学Bノート

[三訂版]

旺文社

本書の構成と特長

本書の **構成** は以下の通りです。

0 | 数学Bを 28 の単元に分けました

⚠️ **教科書のまとめ**：学習するポイントをまとめました。
そのままヒントにもなり，整理にも活用できます。

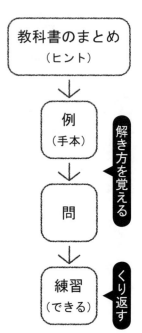

教科書のまとめ
（ヒント）
↓
例
（手本）
↓
問
↓
練習
（できる）

解き方を覚える

くり返す

例 考え方や解法がすぐにわかるシンプルな問題を取り上げました。

解 手本となる詳しい解答。ポイントを矢印で示し，答は**太字**で明示しました。

問 **例** とそっくりの問題を対応させました。

解 解き方を覚えられるように，書き込める空欄を配置しました。

練習 例・問の類題。反復練習により，考え方，公式などの定着をはかります。

別冊解答 考え方 数学的な考え方，方針やポイントを示しました。

解けなくても理解できる詳しい解答を掲載しました。

本書の **特長** は以下の通りです。
① 直接書き込める，まとめ・問題付きノートです。
② 日常学習の予習・復習に最適です。
③ 教科書だけではたりない問題量を補うことで，基礎力がつき，苦手意識をなくします。
④ 数学の考え方や公式などを，やさしい問題をくり返し練習することで定着させます。
⑤ 解答欄の罫線つきの空きスペースに，解答を書けばノートがつくれます。
⑥ 見直せば，自分に何ができ，何ができないかを教えてくれる参考書となります。
⑦ これ一冊で，スタートできます。

　本書の特長である「**例** そっくりの **問** を解くこと」を通して，自信がつき，数学が好きになってもらえることを願っています。

も く じ

本文デザイン：大貫としみ　図：蔦澤 治，（株）プレイン　執筆：酒井 琢，内津 知

1　数列，等差数列の一般項

数列，等差数列の一般項

① ある規則にしたがって並べた数の列を**数列**といい，それぞれの数を**項**という。

② 数列 a_1, a_2, a_3, $\cdots$, a_n, $\cdots$ を数列 $\{a_n\}$ と表す。a_1 を**初項**といい，第 n 項 a_n を n の式で表したものを**一般項**という。

③
- **有限数列**…項の個数が有限個の数列。項の個数を**項数**，最後の項を**末項**という。
- **無限数列**…項の個数が無限個の数列。

④ 初項に一定の数 d を次々に加えて得られる数列を**等差数列**といい，d を**公差**という。

⑤ 初項 a，公差 d の等差数列 $\{a_n\}$ の一般項は
$$a_n = a + (n-1)d$$

$$a_1, \quad a_2, \quad a_3, \quad \cdots, \quad a_{n-1}, \quad a_n, \quad \cdots$$
$$a \quad +d \quad +d \quad \cdots \quad +d$$

例1 (1)　一般項が $a_n = n^2 + 1$ で表される数列 $\{a_n\}$ の初項から第3項までを求めよ。

(2)　初項1，公差3の等差数列 $\{a_n\}$ について，次の各問に答えよ。

(i)　一般項を求めよ。

(ii)　25は第何項か。

(3)　第4項が5，第8項が13である等差数列 $\{a_n\}$ の初項と公差を求めよ。

(1)　$a_1 = 1^2 + 1 = \mathbf{2}$　←$a_n = n^2 + 1$ の n に1を代入

　　$a_2 = 2^2 + 1 = \mathbf{5}$　←n に2を代入する

　　$a_3 = 3^2 + 1 = \mathbf{10}$　←n に3を代入する

(2)　(i)　$a_n = 1 + (n-1) \cdot 3$
　　　　$= \mathbf{3n - 2}$　←$a = 1$, $d = 3$ を $a_n = a + (n-1)d$ に代入

(ii)　$a_n = 25$ とすると，$3n - 2 = 25$　←(i)より

　　　よって，$n = 9$　ゆえに，**第9項**

(3)　初項 a，公差 d とすると，←初項を a, 公差を d とおく

　　一般項は $a_n = a + (n-1)d$ …(*)

　　$a_4 = 5$ より，$a + 3d = 5$ …①　←a と d の連立方程式をつくる

　　$a_8 = 13$ より，$a + 7d = 13$ …②

　　② − ① から，$4d = 8$　$d = 2$

　　① へ代入して，$a = -1$　←(*)へ代入すれば一般項も求められる

　　よって，**初項 −1，公差 2**

問1 (1)　一般項が $a_n = 2^n - 1$ で表される数列 $\{a_n\}$ の初項から第3項までを求めよ。

(2)　初項3，公差 −2 の等差数列 $\{a_n\}$ について，次の各問に答えよ。

(i)　一般項を求めよ。

(ii)　−11は第何項か。

(3)　第4項が14，第16項が50である等差数列 $\{a_n\}$ の初項と公差を求めよ。

(1)　$a_1 =$

　　$a_2 =$

　　$a_3 =$

(2)　(i)　$a_n =$

(ii)

(3)

練習 1 ▶ 一般項が次のように表される数列 $\{a_n\}$ の初項から第 4 項までを求めよ。

(1) $a_n = n^2 + n$

$a_1 =$

$a_2 =$

$a_3 =$

$a_4 =$

(2) $a_n = (-1)^n + 1$

$a_1 =$

$a_2 =$

$a_3 =$

$a_4 =$

練習 2 ▶ 次の等差数列 $\{a_n\}$ について，次の各問に答えよ。

(1) 初項が 10，第 15 項が 94 のとき，

　(i) 公差を求めよ。

(2) 公差が 3，第 10 項が 31 のとき，

　(i) 初項を求めよ。

　(ii) 一般項を求めよ。

　(ii) 一般項を求めよ。

　(iii) 第 100 項を求めよ。

　(iii) 100 は第何項か。

練習 3 ▶ (1) 初項 -50，公差 5 の等差数列 $\{a_n\}$ について，次の各問に答えよ。

　(i) 一般項を求めよ。

　(ii) はじめて正になるのは第何項か。

(2) 第 4 項が 61，第 10 項が 7 である等差数列 $\{a_n\}$ について，次の各問に答えよ。

　(i) 一般項を求めよ。

　(ii) はじめて負になるのは第何項か。

2 等差数列の和

⚠️ 等差数列の和

① 初項 a，末項 l，項数 n の等差数列の和 S_n は

$$S_n = \frac{1}{2}n(a+l) \qquad \leftarrow \frac{1}{2} \times (\text{項数}) \times (\text{初項} + \text{末項})$$

② 初項 a，公差 d，項数 n の等差数列の和 S_n は

$$S_n = \frac{1}{2}n\{2a+(n-1)d\} \qquad \leftarrow \text{上式に } l=a_n=a+(n-1)d \text{ を代入したもの}$$

例 2 (1) 次の等差数列の和を求めよ。
(i) 初項 3，末項 45，項数 30
(ii) 初項 −7，公差 4，項数 20
(2) 1 から 100 までの自然数のうち，3 の倍数であるものの和を求めよ。

(1) (i) $\dfrac{1}{2} \cdot 30 \cdot (3+45) = \mathbf{720}$

↚初項と末項が与えられているので公式①を用いる

(ii) $\dfrac{1}{2} \cdot 20 \cdot \{2 \cdot (-7) + (20-1) \cdot 4\}$

↚初項と公差が与えられているので公式②を用いる

$= 10 \cdot (-14 + 76)$

$= \mathbf{620}$

(2) 1 から 100 までの 3 の倍数は

$$3, \ 6, \ 9, \ \cdots, \ 99 \qquad \leftarrow \text{書き出してみよう}$$

であり，初項 3，公差 3 の等差数列であるから，この数列を $\{a_n\}$ とすると，

$$a_n = 3 + (n-1) \cdot 3 = 3n \quad \leftarrow \substack{\text{等差数列の一般} \\ \text{項の式に代入}}$$

ここで，$\underline{a_n = 99}$ とおくと，$3n = 99$

↚項数 n を求める

より，$n = 33$

よって，求める和は

$$\frac{1}{2} \cdot 33 \cdot (3+99) \quad \leftarrow \frac{(\text{初項}+\text{末項})}{2} \times (\text{項数}) \text{と覚える}$$

$$= \frac{1}{2} \cdot 33 \cdot 102$$

$$= \mathbf{1683}$$

問 2 (1) 次の等差数列の和を求めよ。
(i) 初項 2，末項 72，項数 25
(ii) 初項 −2，公差 3，項数 10
(2) 1 から 100 までの自然数のうち，4 の倍数であるものの和を求めよ。

(1) (i)

(ii)

(2)

練習 4 　次の等差数列の和 S を求めよ。

(1)　初項 6，末項 -30，項数 10

(2)　初項 -15，公差 5，項数 25

(3)　$(-4)+(-1)+2+\cdots+98$

(4)　$17+13+9+\cdots+(-19)$

練習 5 　初項 50，末項 -20，和 540 の等差数列 $\{a_n\}$ の公差と項数を求めよ。

練習 6 　100 以下の自然数のうち 4 で割ると 3 余る数の和を求めよ。

3 等比数列の一般項

◇**等比数列の一般項**

① 初項に一定の数 r を次々に掛けて得られる数列を**等比数列**といい，r を**公比**という。

② 初項 a，公比 r の等比数列 $\{a_n\}$ の一般項は

$$a_n = ar^{n-1}$$

（本書で扱う等比数列の公比は実数とする。）

$$
\begin{array}{ccccccc}
a_1, & a_2, & a_3, & \cdots, & a_{n-1}, & a_n, & \cdots \\
\| & \nearrow & \nearrow & & & \nearrow & \\
a & \times r & \times r & \cdots & & \times r &
\end{array}
$$

例③ (1) 次の等比数列 $\{a_n\}$ の一般項を求めよ。

(i) 初項 2，公比 3

(ii) $-3,\ 2,\ -\dfrac{4}{3},\ \cdots$

(2) 第3項が 20，第6項が 160 である等比数列 $\{a_n\}$ の初項と公比を求めよ。

(解) (1) (i) $a_n = 2 \cdot 3^{n-1}$ ← $2 \cdot \underbrace{3 \cdot 3 \cdots 3}_{(n-1)\text{個}}$

なので 6^{n-1} としないこと

(ii) 初項 -3，公比 $-\dfrac{2}{3}$ の等比数列で

あるから，

$a_n = -3 \cdot \left(-\dfrac{2}{3}\right)^{n-1}$ ← $2^{n-1},\ 3 \cdot \left(\dfrac{2}{3}\right)^{n-1}$ としないこと

(2) 初項 a，公比 r とすると， ← 初項 a，公比 r とおく

一般項は $a_n = ar^{n-1}$ であるから，

$a_3 = 20$ より，　$ar^2 = 20$ …① ← 連立方程式をつくる

$a_6 = 160$ より，$ar^5 = 160$ …②

②÷①から，

←①より $a = \dfrac{20}{r^2}$

②へ代入して

$\dfrac{ar^5}{ar^2} = \dfrac{160}{20}$

$\dfrac{20}{r^2} \cdot r^5 = 160$

$r^3 = 8$

$r^3 = 8$ としてもよい

r は実数であるから，$r = 2$

①へ代入して，$4a = 20$

$a = 5$　←一般項は $a_n = 5 \cdot 2^{n-1}$

よって，**初項 5，公比 2**

問③ (1) 次の等比数列 $\{a_n\}$ の一般項を求めよ。

(i) 初項 5，公比 2

(ii) $\dfrac{1}{2},\ -\dfrac{1}{4},\ \dfrac{1}{8},\ \cdots$

(2) 第3項が 18，第6項が -486 である等比数列 $\{a_n\}$ の初項と公比を求めよ。

(解) (1) (i)

(ii)

(2)

練習7 ▶ 2つの数 4 と 36 の間に 3 個の数を入れたとき，等比数列となるように 5 つの数を並べよ。

練習8 ▶ 次の等比数列 $\{a_n\}$ について，次の各問に答えよ。

(1) 公比 2，第 8 項が 2048 のとき，

　(i) 初項を求めよ。

(2) 初項 4，第 4 項が −108 のとき，

　(i) 公比を求めよ。

(ii) 一般項を求めよ。

(ii) 一般項を求めよ。

練習9 ▶ 次の等比数列 $\{a_n\}$ の一般項を求めよ。

(1) 第 2 項が 6，第 4 項が 24

(2) 第 3 項が 2，第 5 項が 18

第1章

数

列

4　等比数列の和

⬧ 等比数列の和

初項 a，公比 r の等比数列の初項から第 n 項までの和 S_n は

$$r \neq 1 \text{ のとき, } \quad S_n = \frac{a(1-r^n)}{1-r} = \frac{a(r^n-1)}{r-1}$$

$$r = 1 \text{ のとき, } \quad S_n = na$$

公式の求め方
$S_n = a + ar + ar^2 + \cdots + ar^{n-1}$
$\underline{-) \quad rS_n = \qquad ar + ar^2 + \cdots + ar^{n-1} + ar^n}$
$(1-r)S_n = a \qquad\qquad\qquad\qquad -ar^n$

例4 (1)　初項 3，公比 2 の等比数列の初項から第 6 項までの和を求めよ。

(2)　初項 1，公比 $\sqrt{2}$，項数 5 の等比数列の和を求めよ。

(3)　等比数列 3, 1, $\dfrac{1}{3}$, $\dfrac{1}{9}$, … の初項から第 n 項までの和 S_n を求めよ。

問4 (1)　初項 4，公比 -3 の等比数列の初項から第 5 項までの和を求めよ。

(2)　初項 2，公比 $\sqrt{3}$，項数 4 の等比数列の和を求めよ。

(3)　等比数列 3, -2, $\dfrac{4}{3}$, $-\dfrac{8}{9}$, … の初項から第 n 項までの和 S_n を求めよ。

解 (1)　$\dfrac{3(2^6-1)}{2-1}$ ←$a=3$, $r=2$, $n=6$ を $\dfrac{a(r^n-1)}{r-1}$ に代入する

$= 3(64-1)$

$= \boldsymbol{189}$

(2)　$\dfrac{1\{(\sqrt{2})^5-1\}}{\sqrt{2}-1}$ ←$a=1$, $r=\sqrt{2}$, $n=5$ を $\dfrac{a(r^n-1)}{r-1}$ に代入する

$= \dfrac{4\sqrt{2}-1}{\sqrt{2}-1}$

$= \dfrac{(4\sqrt{2}-1)(\sqrt{2}+1)}{(\sqrt{2}-1)(\sqrt{2}+1)}$ ←分母を有理化する

$= \boldsymbol{7+3\sqrt{2}}$

(3)　初項 3，公比 $\dfrac{1}{3}$ の等比数列より，

$S_n = \dfrac{3\left\{1-\left(\dfrac{1}{3}\right)^n\right\}}{1-\dfrac{1}{3}}$ ←$a=3$, $r=\dfrac{1}{3}$ を $\dfrac{a(1-r^n)}{1-r}$ に代入する

$= 3\left\{1-\left(\dfrac{1}{3}\right)^n\right\} \cdot \dfrac{3}{2}$

$= \boldsymbol{\dfrac{9}{2}\left\{1-\left(\dfrac{1}{3}\right)^n\right\}}$

解 (1)

(2)

(3)

練習10 次の等比数列の和 S を求めよ。

(1) $1+2+4+\cdots+64$

(2) $1-\dfrac{1}{3}+\dfrac{1}{9}-\cdots-\dfrac{1}{243}$

練習11 次の各問に答えよ。

(1) 公比が 2 である等比数列のはじめの 6 項の和が 189 のとき，初項を求めよ。

(2) 初項が -2，第 4 項が 54 である等比数列について，初項から第 4 項までの和を求めよ。

練習12 初項から第 3 項までの和が 9，第 2 項から第 4 項までの和が -18 である等比数列の初項と公比を求めよ。

5　等差中項，等比中項

⚠ 等差中項，等比中項

3つの数 a, b, c について

①　この順に等差数列をなすとき，$2b=a+c$　（このとき，b を**等差中項**という）

②　この順に等比数列をなすとき，$b^2=ac$　（このとき，b を**等比中項**という）

例5 3つの数 2, x, 8 について，次を満たすような x の値を求めよ。

(1)　この順に等差数列をなす

(2)　この順に等比数列をなす

 (1)　$2x=2+8$　←x は等差中項
　　　　　　　　　　　　　中項の2倍＝両端の和

$2x=10$ より，$x=5$

(2)　$x^2=2\times8$　←x は等比中項
　　　　　　　　　　　　中項の2乗＝両端の積

$x^2=16$ より，$x=\pm4$

別解

(1)　公差を d とすると，

$$d=x-2=8-x$$　←2, x, 8
　　　　　　　　　　　　+d　+d

よって，$2x=10$ より，$x=5$

(2)　公比を r とすると，

$$r=\frac{x}{2}=\frac{8}{x}$$　←2, x, 8
　　　　　　　　　　　　×r　×r

よって，$x^2=16$ より，$x=\pm4$

問5 3つの数 3, x, 12 について，次を満たすような x の値を求めよ。

(1)　この順に等差数列をなす

(2)　この順に等比数列をなす

 (1)

(2)

別解

(1)

(2)

練習13 3つの数 4, a, b は，この順に等差数列をなし，a, b, 18 は，この順に等比数列をなすとき，a, b の値を求めよ。

6 和の記号Σ（1）

⚠️ 和の記号Σ

数列 $\{a_n\}$ の初項から第 n 項までの和を記号Σを用いて，次のように表す。

$$a_1+a_2+a_3+\cdots+a_n=\sum_{k=1}^{n} a_k$$ ← 数列 $\{a_n\}$ の一般項で n を k にした式をかく

例6 (1) 次の数列の和をΣを用いないで表し，その値を求めよ。

(i) $\displaystyle\sum_{k=1}^{4}(3k+1)$　(ii) $\displaystyle\sum_{k=1}^{5}2^k$

(2) 次の和をΣを用いて表せ。

$1\cdot2+2\cdot3+3\cdot4+\cdots+7\cdot8$

 解

(1) (i) $\displaystyle\sum_{k=1}^{4}(3k+1)$

$=(3\cdot1+1)+(3\cdot2+1)$

$\qquad+(3\cdot3+1)+(3\cdot4+1)$

$=4+7+10+13$ ← k に 1, 2, 3, 4 を代入して，たす

$=34$

(ii) $\displaystyle\sum_{k=1}^{5}2^k=2^1+2^2+2^3+2^4+2^5$

$=2+4+8+16+32$ ← k に 1, 2, 3, 4, 5 を代入して，たす

$=62$

(2) 数列の一般項は，$n(n+1)$ より，

$\displaystyle\sum_{k=\boxed{1}}^{\boxed{7}} k(k+1)$ ← 一般項をかく，初項は $k=\boxed{1}$ 末項は $k=\boxed{7}$

問6 (1) 次の数列の和をΣを用いないで表し，その値を求めよ。

(i) $\displaystyle\sum_{k=1}^{3}(2k-3)$　(ii) $\displaystyle\sum_{k=1}^{4}3^k$

(2) 次の和をΣを用いて表せ。

$1^2+2^2+3^2+\cdots+8^2$

 解

(1) (i) $\displaystyle\sum_{k=1}^{3}(2k-3)$

$=$

(ii) $\displaystyle\sum_{k=1}^{4}3^k=$

(2)

練習14 ▶ 次の数列の和をΣを用いて表せ。

(1) $1^2+3^2+5^2+\cdots+15^2$

(2) $1\cdot2+2\cdot4+3\cdot8+\cdots+6\cdot64$

7　和の記号Σ (2)

⚠ 和の公式，Σの性質

c を定数とするとき

① $\displaystyle\sum_{k=1}^{n} c = nc$,　$\displaystyle\sum_{k=1}^{n} k = \frac{1}{2}n(n+1)$,　$\displaystyle\sum_{k=1}^{n} k^2 = \frac{1}{6}n(n+1)(2n+1)$

② $\displaystyle\sum_{k=1}^{n}(a_k + b_k) = \sum_{k=1}^{n} a_k + \sum_{k=1}^{n} b_k$,　$\displaystyle\sum_{k=1}^{n} ca_k = c\sum_{k=1}^{n} a_k$

例7 次の和を求めよ。

(1) $\displaystyle\sum_{k=1}^{n}(4k-3)$

(2) $\displaystyle\sum_{k=1}^{n}(6k^2+2k)$

(3) $\displaystyle\sum_{k=1}^{n} 2^k$

解

(1) $\displaystyle\sum_{k=1}^{n}(4k-3)$

　　　　　　　　↘ ②Σの性質

$= 4\displaystyle\sum_{k=1}^{n} k - \sum_{k=1}^{n} 3$

　　　　　　　　↘ ①和の公式

$= \overset{2}{4} \cdot \dfrac{1}{2}n(n+1) - 3n$

　　　　　　　　↘ n でくくる

$= n(2n-1)$

(2) $\displaystyle\sum_{k=1}^{n}(6k^2+2k)$

　　　　　　　　↘ ②Σの性質

$= 6\displaystyle\sum_{k=1}^{n} k^2 + 2\sum_{k=1}^{n} k$

　　　　　　　　↘ ①和の公式

$= \overset{}{6} \cdot \dfrac{1}{6} \boxed{n(n+1)}(2n+1)$

$n(n+1)$ が
共通因数なのでくくる

$\qquad\qquad + \overset{}{2} \cdot \dfrac{1}{2} \boxed{n(n+1)}$

$= \boxed{n(n+1)}(2n+2)$

$= 2n(n+1)^2$

(3) $\displaystyle\sum_{k=1}^{n} 2^k = 2 + 4 + 8 + \cdots + 2^n$

　　Σをはずすと初項2，公比2，
　　項数 n の等比数列の和であ
　　ることがわかる

$= \dfrac{2(2^n - 1)}{2 - 1}$

$= 2(2^n - 1)$　← $2^{n+1} - 2$ としてもよい

問7 次の和を求めよ。

(1) $\displaystyle\sum_{k=1}^{n}(6k-5)$

(2) $\displaystyle\sum_{k=1}^{n}(3k^2-k)$

(3) $\displaystyle\sum_{k=1}^{n} 3^k$

解

(1) $\displaystyle\sum_{k=1}^{n}(6k-5)$

$=$

(2) $\displaystyle\sum_{k=1}^{n}(3k^2-k)$

$=$

(3) $\displaystyle\sum_{k=1}^{n} 3^k =$

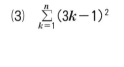 次の和を求めよ。

(1) $\displaystyle\sum_{k=1}^{n}(k^2-k-2)$

(2) $\displaystyle\sum_{k=1}^{n}k(k+1)$

(3) $\displaystyle\sum_{k=1}^{n}(3k-1)^2$

(4) $\displaystyle\sum_{k=1}^{n}\dfrac{2}{3^k}$

(5) $\displaystyle\sum_{k=1}^{n-1}(k+2)\quad(n\geqq 2)$

(6) $\displaystyle\sum_{k=1}^{n-1}2^k\quad(n\geqq 2)$

8 階差数列，数列の和と一般項

⚠ 階差数列，数列の和と一般項

① 数列 $\{a_n\}$ について，$b_n = a_{n+1} - a_n$ $(n=1,\ 2,\ 3,\ \cdots)$
で定められる数列 $\{b_n\}$ を，数列 $\{a_n\}$ の**階差数列**という。

$$a_1,\ a_2,\ a_3,\ \cdots,\ a_{n-1},\ a_n$$
$$b_1 \quad b_2 \qquad\qquad b_{n-1}\ _{和}$$

$n \geqq 2$ のとき，$a_n = a_1 + \sum_{k=1}^{n-1} b_k$ ← 階差数列を用いて，もとの数列の一般項を求める式

② 数列 $\{a_n\}$ の初項から第 n 項までの和を S_n とすると，

$a_1 = S_1$，$n \geqq 2$ のとき，$a_n = S_n - S_{n-1}$

例 8 (1) 数列 $\{a_n\}$ が

2，3，6，11，18，… のとき，

(ⅰ) 階差数列 $\{b_n\}$ の一般項を求めよ。

(ⅱ) 一般項 a_n を求めよ。

(2) 初項から第 n 項までの和 S_n が
$S_n = n^2 + 3n$ で表される数列 $\{a_n\}$ の
一般項を求めよ。

問 8 (1) 数列 $\{a_n\}$ が

1，3，7，13，21，… のとき，

(ⅰ) 階差数列 $\{b_n\}$ の一般項を求めよ。

(ⅱ) 一般項 a_n を求めよ。

(2) 初項から第 n 項までの和 S_n が
$S_n = n^2 - 2n$ で表される数列 $\{a_n\}$ の
一般項を求めよ。

解 (1) (ⅰ)　　　2，3，6，11，18，… の

階差数列は，1，3，5，7，…

となり初項 1，公差 2 の等差数列で

あるから，$b_n = 1 + (n-1) \cdot 2 = 2n-1$

(ⅱ) $n \geqq 2$ のとき，

$a_n = 2 + \sum_{k=1}^{n-1} (2k-1)$ ← $a_n = a_1 + \sum_{k=1}^{n-1} b_k$

$= 2 + 2\sum_{k=1}^{n-1} k - \sum_{k=1}^{n-1} 1$ ← $\sum_{k=1}^{n} k$ の公式の n に $n-1$ を代入する

$= 2 + 2 \cdot \dfrac{1}{2}(n-1)n - (n-1)$

$= n^2 - 2n + 3$ ← $n \geqq 2$ のとき，成り立つ式

$n=1$ とすると 2 となり a_1 と一致する。

よって，$a_n = n^2 - 2n + 3$ ← $n=1$ のときも成り立つことがわかった

(2) $a_1 = S_1 = 1^2 + 3 \cdot 1 = 4$

$n \geqq 2$ のとき，$a_n = S_n - S_{n-1}$

$= n^2 + 3n - \{(n-1)^2 + 3(n-1)\}$ ← S_n の式の n に $n-1$ を代入する

$= 2n + 2$

$n=1$ とすると 4 となり a_1 と一致する。

よって，$a_n = 2n+2$

解 (1) (ⅰ)

(ⅱ)

(2)

練習16 次の数列 $\{a_n\}$ の一般項を求めよ。

(1) 3, 4, 8, 15, 25, ⋯

(2) 2, 3, 5, 9, 17, ⋯

(3) 4, 3, 1, −2, −6, ⋯

(4) 1, 2, −1, 8, −19, ⋯

練習17 初項から第 n 項までの和 S_n が次の式で表される数列 $\{a_n\}$ の一般項を求めよ。

(1) $S_n = 2n^2 - 3n$

(2) $S_n = 3^n - 1$

(3) $S_n = n^2 + 1$

(4) $S_n = 2^n + 1$

9　いろいろな数列の和（1）

⚠ $\displaystyle\sum_{k=1}^{n}$ (**k の分数式**) **の値**

（k の分数式）$=f(k)-f(k+1)$　となるような $f(k)$ が見つかれば，

$$\sum_{k=1}^{n}(k \text{ の分数式})=\sum_{k=1}^{n}\{f(k)-f(k+1)\}$$

$$=\{f(1)-f(2)\}+\{f(2)-f(3)\}+\{f(3)-f(4)\}+\cdots\cdots+\{f(n)-f(n+1)\}$$

$$=f(1)-f(n+1)$$

例9　$\dfrac{1}{(2k-1)(2k+1)}$

$=\dfrac{1}{2}\left(\dfrac{1}{2k-1}-\dfrac{1}{2k+1}\right)$ を用いて，

$S=\dfrac{1}{1\cdot3}+\dfrac{1}{3\cdot5}+\dfrac{1}{5\cdot7}+\cdots$

$\qquad+\dfrac{1}{(2n-1)(2n+1)}$ を求めよ。

💡**解**

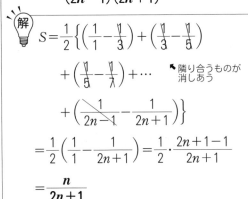

↖隣り合うものが
　消しあう

$=\dfrac{1}{2}\left(\dfrac{1}{1}-\dfrac{1}{2n+1}\right)=\dfrac{1}{2}\cdot\dfrac{2n+1-1}{2n+1}$

$=\dfrac{n}{2n+1}$

問9　$\dfrac{1}{k(k+1)}=\dfrac{1}{k}-\dfrac{1}{k+1}$ を用いて，

$S=\dfrac{1}{1\cdot2}+\dfrac{1}{2\cdot3}+\dfrac{1}{3\cdot4}+\cdots+\dfrac{1}{n(n+1)}$

を求めよ。

💡**解**

練習18　$\displaystyle\sum_{k=1}^{n}\dfrac{1}{k^2+5k+6}$ の値を次のように求めよ。

(1)　$\dfrac{1}{k^2+5k+6}=\dfrac{1}{k+a}-\dfrac{1}{k+b}$ を満たす定数 a, b を求めよ。

(2)　(1)の結果を用いて，$\displaystyle\sum_{k=1}^{n}\dfrac{1}{k^2+5k+6}$ の値を求めよ。

10 いろいろな数列の和 (2)

⚠️ $\displaystyle\sum_{k=1}^{n}\{(等差数列)\times(等比数列)\}$ の値

求める和を S，等比数列の公比を r とするとき，$S-rS$ を計算する。

例10 $S=1\cdot1+3\cdot2+5\cdot2^2+\cdots\cdots+19\cdot2^9$
を求めよ。

$S-2S$

$=(1\cdot1+3\cdot2+5\cdot2^2+\cdots+19\cdot2^9)$

　　$-(1\cdot2+3\cdot2^2+\cdots+17\cdot2^9+19\cdot2^{10})$

$=\underset{\wavy}{\ \ 1\cdot1+2\cdot2+2\cdot2^2+\cdots+\ 2\cdot2^9}-19\cdot2^{10}$

$=1+\dfrac{2\cdot2(2^9-1)}{2-1}-19\cdot2^{10}$ ⬆初項 $2\cdot2$，公比 2，項数 9 の等比数列の和

$=1+2\cdot2^{10}-4-19\cdot2^{10}$

$=-17\cdot2^{10}-3=-17\cdot1024-3=-17411$

よって，$(1-2)S=-17411$ から

$S=17411$

問10 $S=1\cdot1+2\cdot3+3\cdot3^2+\cdots\cdots+8\cdot3^7$
を求めよ。

練習19 次の和を求めよ。

(1) $\displaystyle\sum_{k=1}^{n}k\cdot2^{k-1}$

(2) $\displaystyle\sum_{k=1}^{n}(2k+1)\cdot2^{k}$

11 群数列

⚠ 群に分けられた数列

第 n 群の最初の項は次のようにして求める。

(ⅰ) 第1群から第 $(n-1)$ 群までに入る項の個数を求める。

(ⅱ) 第 n 群の最初の項は {((ⅰ)で求めた項の個数)+1} 番目の項である。

(ⅲ) 数列の一般項の式から,第 n 群の最初の項を求める。

例11 正の奇数の列を,次のような群に分ける。ただし,第 n 群には $2n$ 個の項が入るものとする。

$$1, 3 \mid 5, 7, 9, 11 \mid 13, 15, 17, 19, 21, 23 \mid 25, \cdots$$

(1) $n \geqq 2$ のとき,第 $(n-1)$ 群までに含まれる項の個数を n の式で表せ。

(2) 第 n 群の最初の項を n の式で表せ。

(3) 第 n 群に入る項の和を n の式で表せ。

 解 (1) $n \geqq 2$ のとき,第 $(n-1)$ 群までの項の個数は

$$\sum_{k=1}^{n-1} 2k = 2 \cdot \frac{1}{2}(n-1)n = \boldsymbol{n^2 - n}$$

↑ $\sum_{k=1}^{n} k = \frac{1}{2}n(n+1)$ の n を $n-1$ にする

(2) (1)の結果から,$n \geqq 2$ のとき,第 n 群の最初の項は数列の第 (n^2-n+1) 項である。また,これは $n=1$ のときにも成り立つ。正の奇数の数列の第 k 項は

$$1 + (k-1) \cdot 2 = 2k-1 \quad \text{← 初項 1, 公差 2 の等差数列}$$

であるから,第 n 群の最初の項は

$$2(n^2-n+1) - 1 = \boldsymbol{2n^2 - 2n + 1}$$

(3) (2)の結果から,第 n 群に入る項は,初項 $2n^2-2n+1$,公差 2,項数 $2n$ の等差数列である。

よって,その和は

$$\frac{1}{2} \cdot 2n \{2(2n^2-2n+1) + (2n-1) \cdot 2\}$$

$$= \boldsymbol{4n^3} \qquad \text{↑ 2 等差数列の和②}$$

問11 正の偶数の列を,次のような群に分ける。ただし,第 n 群には n 個の項が入るものとする。

$$2 \mid 4, 6 \mid 8, 10, 12 \mid 14, 16, 18, 20 \mid 22, \cdots$$

(1) $n \geqq 2$ のとき,第 $(n-1)$ 群までに含まれる項の個数を n の式で表せ。

(2) 第 n 群の最初の項を n の式で表せ。

(3) 第 n 群に入る項の和を n の式で表せ。

 解 (1)

(2)

(3)

練習20 自然数の列を，次のような群に分ける。ただし，第 n 群には 2^{n-1} 個の項が入るものとする。

$$1 \mid 2, 3 \mid 4, 5, 6, 7 \mid 8, 9, 10, 11, 12, 13, 14, 15 \mid 16, \cdots$$

(1) 第 n 群に入る項の和を n の式で表せ。　　(2) 777 は第何群の第何項か。

練習21 次のように，分母が 2 の累乗の，正で 1 以下の分数を並べた数列を考える。

$$\frac{1}{1}, \frac{1}{2}, \frac{2}{2}, \frac{1}{4}, \frac{2}{4}, \frac{3}{4}, \frac{4}{4}, \frac{1}{8}, \frac{2}{8}, \frac{3}{8}, \frac{4}{8}, \frac{5}{8}, \frac{6}{8}, \frac{7}{8}, \frac{8}{8}, \frac{1}{16}, \cdots$$

(1) $\dfrac{63}{128}$ は第何項か。　　(2) 初項から $\dfrac{63}{128}$ までの数列の和を求めよ。

12 漸化式 (1)

⚠ 漸化式

① 数列 $\{a_n\}$ が，$a_1=1$，$a_{n+1}=a_n+n$ $(n=1,\ 2,\ 3,\ \cdots)$ $\cdots(*)$ を満たしているとき，$(*)$の両辺の n に $n=1,\ 2,\ 3,\ \cdots$ を代入すると，

$$a_2=\boxed{a_1}+1=\boxed{1}+1=2,\quad a_3=\boxed{a_2}+2=\boxed{2}+2=4,\quad a_4=\boxed{a_3}+3=\boxed{4}+3=7,\ \cdots$$

のようにして数列 a_2，a_3，a_4，$\cdots$ が定まる。関係式$(*)$を**漸化式**という。

② （等差型）$a_{n+1}=a_n+d$ ➡ 数列 $\{a_n\}$ は，$a_{n+1}-a_n=d$ より公差 d の等差数列

（等比型）$a_{n+1}=ra_n$ ➡ 数列 $\{a_n\}$ は，公比 r の等比数列

（階差型）$a_{n+1}=a_n+(n \text{ の式})$ ➡ $(n \text{ の式})$ は，数列 $\{a_n\}$ の階差数列の一般項

例12 (1) $a_1=1$，$a_{n+1}=a_n+2n$ $(n=1,\ 2,\ 3,\ \cdots)$ で定められる数列について，a_2，a_3，a_4 を求めよ。

(2) 次の式で定められる数列 $\{a_n\}$ の一般項を求めよ。$(n=1,\ 2,\ 3,\ \cdots)$

(i) $a_1=1$，$a_{n+1}=a_n+3$

(ii) $a_1=3$，$a_{n+1}=2a_n$

(iii) $a_1=1$，$a_{n+1}=a_n+2n$

問12 (1) $a_1=2$，$a_{n+1}=a_n+4n$ $(n=1,\ 2,\ 3,\ \cdots)$ で定められる数列について，a_2，a_3，a_4 を求めよ。

(2) 次の式で定められる数列 $\{a_n\}$ の一般項を求めよ。$(n=1,\ 2,\ 3,\ \cdots)$

(i) $a_1=2$，$a_{n+1}=a_n-2$

(ii) $a_1=2$，$a_{n+1}=-3a_n$

(iii) $a_1=2$，$a_{n+1}=a_n+4n$

解 (1) $a_2=a_1+2\cdot1=3$ ←$a_{n+1}=a_n+2n$ の n に $n=1$ を代入

$a_3=a_2+2\cdot2=7$ ←$n=2$ を代入

$a_4=a_3+2\cdot3=13$ ←$n=3$ を代入

(2) (i) 初項 1，<u>公差 3 の等差数列</u>より，

←$a_{n+1}-a_n=3$ より

$a_n=1+(n-1)\cdot3=3n-2$

(ii) 初項 3，<u>公比 2 の等比数列</u>より，

←$a_{n+1}=2a_n$ より

$a_n=3\cdot2^{n-1}$

(iii) $a_{n+1}-a_n=2n$ より，数列 $\{a_n\}$ の

階差数列の一般項は $2n$ であるから，

$n\geqq2$ のとき，

$a_n=a_1+\displaystyle\sum_{k=1}^{n-1}2k$ ←$\{a_n\}$ の階差数列が $\{b_n\}$ のとき $a_n=a_1+\sum_{k=1}^{n-1}b_k$ $(n\geqq2)$

$=1+2\cdot\dfrac{1}{2}(n-1)n$ ←$\sum_{k=1}^{n-1}k$ は $\sum_{k=1}^{n}k=\frac{1}{2}n(n+1)$ の n に $n-1$ を代入

$=n^2-n+1$

$n=1$ とすると 1 となり初項と一致

するから，$a_n=n^2-n+1$

解 (1) $a_2=$

$a_3=$

$a_4=$

(2) (i)

(ii)

(iii)

練習22 ▶ $a_1=1$, $a_{n+1}=3a_n-4$ $(n=1,\ 2,\ 3,\ \cdots)$ で定められる数列について, 初めの 4 項を求めよ。

練習23 ▶ 次の関係式で定められる数列 $\{a_n\}$ の一般項を求めよ。
(ただし, $n=1,\ 2,\ 3,\ \cdots$とする)

(1)　$a_1=1$, $a_{n+1}-a_n=4$

(2)　$a_1=-2$, $a_{n+1}=-\dfrac{a_n}{3}$

(3)　$a_1=2$, $a_{n+1}=a_n+n^2$

(4)　$a_1=1$, $a_{n+1}-a_n=2^n$

練習24 ▶ $a_1=4$, $a_{n+1}-2=3(a_n-2)$ $\cdots(*)$ $(n=1,\ 2,\ 3,\ \cdots)$ で定められる数列について, 次の各問に答えよ。

(1)　$a_n-2=b_n$ とおくとき, $(*)$ を b_n と b_{n+1} の式で表し, 数列 $\{b_n\}$ の一般項を求めよ。

(2)　数列 $\{a_n\}$ の一般項を求めよ。

13 漸化式 (2)

⚠️ $a_{n+1}=pa_n+q$ ($p\neq1$) 型の漸化式

一般項の求め方

(i) a_{n+1} と a_n を x におきかえて，
$x=px+q$ の解 α を求める。

(ii) α を漸化式の両辺から引くと，
$a_{n+1}-\alpha=p(a_n-\alpha)$
のように変形できる。

$$\begin{array}{r}a_{n+1}=pa_n+q\\-\underline{)\quad \alpha=p\alpha+q}\\a_{n+1}-\alpha=p(a_n-\alpha)\end{array}$$

(iii) $a_n-\alpha=b_n$ とすると，$b_{n+1}=pb_n$ となり，
数列 $\{b_n\}$ は初項 $b_1=a_1-\alpha$，公比 p の等比数列であるから，一般項 b_n が求められる。

(iv) $a_n=b_n+\alpha$ より，一般項 a_n が求められる。

例13 次の関係式で定められる数列 $\{a_n\}$ の一般項を求めよ。

$a_1=1$, $a_{n+1}=3a_n-4$
($n=1,\ 2,\ 3,\ \cdots$)

$x=3x-4$ の解 $x=2$ (←これが α) を ←(i)

漸化式の両辺から引くと，
←$a_{n+1}-\alpha=p(a_n-\alpha)$ と変形する

$a_{n+1}\underset{\sim}{-2}=3a_n-4\underset{\sim}{-2}$

$\qquad\qquad =3(a_n-2)$ ←(ii)

ここで，$a_n-2=b_n$ とすると，←$a_n-\alpha=b_n$
とすると，
$a_{n+1}-\alpha=b_{n+1}$

$\qquad b_{n+1}=3b_n$ ←等比型

となり数列 $\{b_n\}$ は，初項 $b_1=a_1-2=-1$，

公比 3 の等比数列であるから，

$\qquad b_n=(-1)\cdot3^{n-1}$ ←(iii) $\{b_n\}$ の一般項を求める

よって，$a_n-2=-3^{n-1}$

$\qquad a_n=-3^{n-1}+2$ ←(iv) $a_n=b_n+\alpha$

$\left(\begin{array}{l}a_n-2 \text{ を } b_n \text{ とおかないで，}\\ \text{数列}\{a_n-2\}\text{は初項 }a_1-2=-1,\ \text{公比 }3\\ \text{の等比数列であるから}\\ \qquad a_n-2=(-1)\cdot3^{n-1}\\ \text{よって，}a_n=-3^{n-1}+2 \text{ としてもよい。}\end{array}\right)$

問13 次の関係式で定められる数列 $\{a_n\}$ の一般項を求めよ。

$a_1=5$, $a_{n+1}=4a_n-6$
($n=1,\ 2,\ 3,\ \cdots$)

解

練習25 次の関係式で定められる数列 $\{a_n\}$ の一般項を求めよ。
ただし，$n=1$，2，3，$\cdots$ とする。

(1)　$a_1=1$，$a_{n+1}=2a_n-3$

(2)　$a_1=3$，$a_{n+1}=3a_n+2$

(3)　$a_1=5$，$a_{n+1}+3a_n=4$

(4)　$a_1=3$，$2a_{n+1}=a_n+2$

練習26 $a_1=\dfrac{1}{2}$，$\dfrac{1}{a_{n+1}}=\dfrac{3}{a_n}-2$　$\cdots(*)$　$(n=1$，2，3，$\cdots)$ で定められる数列 $\{a_n\}$ について，次の各問に答えよ。

(1)　$\dfrac{1}{a_n}=b_n$ とおくとき，$(*)$ を b_n と b_{n+1} の式で表せ。

(2)　数列 $\{b_n\}$ の一般項を求めよ。

(3)　数列 $\{a_n\}$ の一般項を求めよ。

14 数学的帰納法（1）

⚠️数学的帰納法

自然数 n に関する命題 P がすべての自然数 n について成り立つことを証明するには次の(i)，(ii)を証明すればよい。

(i) $n=1$ のとき，P が成り立つ。

(ii) $n=k$ のとき P が成り立つと仮定すると，$n=k+1$ のときも P が成り立つ。

このような証明方法を**数学的帰納法**という。

例14 n が自然数のとき，次の等式(*)を数学的帰納法を用いて証明せよ。

$$2+4+6+\cdots+2n=n(n+1) \quad \cdots(*)$$

解

(i) $n=1$ のとき，左辺 $=2$，

右辺 $=1\cdot2=2$ より(*)は成り立つ。

(ii) $n=k$ のとき(*)が成り立つと仮定すると $2+4+6+\cdots+2k=k(k+1)$ …①

このとき，$n=k+1$ でも(*)が成り立つ，すなわち

$$2+4+6+\cdots+2k+2(k+1)$$
$$=(k+1)(k+2) \quad \cdots②$$

が成り立つことを示す。①より

②の左辺 $=\underline{2+4+6+\cdots+2k}+2(k+1)$

$\quad=\underline{k(k+1)}+2(k+1)$
　　　↖①を代入した

$\quad=k^2+3k+2$

$\quad=(k+1)(k+2)=$②の右辺

ゆえに，$n=k+1$ のときも(*)が成り立つ。

(i)，(ii)より，すべての自然数 n について(*)は成り立つ。

問14 n が自然数のとき，次の等式(*)を数学的帰納法を用いて証明せよ。

$$1+3+5+\cdots+(2n-1)=n^2 \quad \cdots(*)$$

解

注 (ii)では $n=k$ のとき(*)が成り立つことを仮定して(①)，$n=k+1$ のときにも(*)が成り立つことを示す。あらかじめ，$n=k+1$ のときの式（つまり示したい式②）を書いておくとよい。その際に，**例14** のように②の左辺を $2+4+6+\cdots+2(k+1)$ としないで $\underline{2+4+6+\cdots+2k+2(k+1)}$ と $n=k$ のときの左辺の式を書いておくと①が利用しやすくなる。

練習27 n を自然数とするとき，次の等式を数学的帰納法を用いて証明せよ。

(1) $1 \cdot 2 + 2 \cdot 5 + 3 \cdot 8 + \cdots + n(3n-1) = (n+1)n^2$ ……(*)

(2) $1 + 2 + 2^2 + \cdots + 2^{n-1} = 2^n - 1$ ……(*)

(3) $1 \cdot 1 + 2 \cdot 2 + 3 \cdot 2^2 + \cdots + n \cdot 2^{n-1} = (n-1) \cdot 2^n + 1$ ……(*)

15　数学的帰納法(2)

例15 n が自然数のとき，次を数学的帰納法を用いて証明せよ。
(1) n^3+2n は 3 の倍数
(2) 不等式 $2^n>n$ …(*)

解 (1) (i) $n=1$ のとき，$n^3+2n=3$ であるから，3 の倍数である。

(ii) $n=k$ のとき成り立つと仮定すると k^3+2k は 3 の倍数であるから，
$k^3+2k=3m$ （m は整数）…①
とおける。このとき，$n=k+1$ では
$(k+1)^3+2(k+1)$
$=k^3+3k^2+3k+1+2k+2$
$=3m+3k^2+3k+3$ ←①より $k^3+2k=3m$
$=3(k^2+k+m+1)$ ←$k^2+k+m+1$ は整数である
となり，3 の倍数になる。
よって，$n=k+1$ のときも成り立つ。
(i), (ii)より，すべての自然数 n について n^3+2n は 3 の倍数である。

(2) (i) $n=1$ のとき，左辺$=2$，右辺$=1$ より(*)は成り立つ。

(ii) $n=k$ のとき成り立つと仮定すると $2^k>k$ …①
このとき，$n=k+1$ でも(*)が成り立つ。すなわち，$2^{k+1}>k+1$ が成り立つことを示す。
①の両辺を 2 倍して $2\cdot2^k>2k$ より，
$2^{k+1}>2k$ …② ←$2k\geq k+1$ を示す
ここで，$2k-(k+1)=k-1\geq0$
よって，$2k\geq k+1$ …③ ←k は自然数より $k\geq1$
②, ③より，$2^{k+1}>2k\geq k+1$
ゆえに $n=k+1$ のときも(*)が成り立つ。
(i), (ii)より，すべての自然数 n について(*)は成り立つ。

問15 n が自然数のとき，次を数学的帰納法を用いて証明せよ。
(1) n^3+5n は 3 の倍数
(2) 不等式 $3^n>2n$ …(*)

解 (1)

(2)

練習28 n が自然数のとき，n^3-n は 6 の倍数であることを数学的帰納法を用いて証明せよ。 ヒント 連続する 2 つの整数の積は偶数である

練習29 自然数 n について，次を数学的帰納法を用いて証明せよ。

(1) 5^n-1 は 4 の倍数である

(2) 4^n+2 は 6 の倍数である

練習30 n が 2 以上の自然数のとき，不等式 $3^n>2n+1$ ……(*) が成り立つことを数学的帰納法を用いて証明せよ。

ヒント $n \geqq 2$ のとき成り立つので，(i)として調べるのは $n=2$ のときである。

16 確率変数と期待値

⚠️確率変数と期待値

試行の結果によってその値が定まる変数を**確率変数**という。

右の表のように，確率変数 X のとり得る値にその値をとる確率を対応させたものを，確率変数 X の**確率分布**といい，

X	x_1	x_2	……	x_n	計
P	p_1	p_2	……	p_n	1

⬆ $p_1 \geqq 0,\ p_2 \geqq 0,\ \cdots,\ p_n \geqq 0$
$p_1 + p_2 + \cdots + p_n = 1$

$$E(X) = x_1 p_1 + x_2 p_2 + \cdots + x_n p_n = \sum_{k=1}^{n} x_k p_k$$

を確率変数 X の**期待値（平均）**という。

また，a, b を定数とするとき，$E(aX+b) = aE(X) + b$

例16 白玉 3 個と黒玉 2 個が入った袋から 2 個の玉を同時に取り出すとき，出る白玉の個数を X とする。

(1) X の確率分布を求めよ。

(2) X の期待値を求めよ。

(3) $Y = 2X + 1$ とするとき，Y の期待値を求めよ。

💡**解**

(1) $P(X=0) = \dfrac{{}_3C_0 \times {}_2C_2}{{}_5C_2} = \dfrac{1}{10}$ ← $X=0$ となる確率を表す

$P(X=1) = \dfrac{{}_3C_1 \times {}_2C_1}{{}_5C_2} = \dfrac{6}{10}$ ← 他と合わせるため約分していない

$P(X=2) = \dfrac{{}_3C_2 \times {}_2C_0}{{}_5C_2} = \dfrac{3}{10}$

より，確率分布は右の表のようになる。

X	0	1	2	計
P	$\dfrac{1}{10}$	$\dfrac{6}{10}$	$\dfrac{3}{10}$	1

(2) $E(X) = 0 \cdot \dfrac{1}{10} + 1 \cdot \dfrac{6}{10} + 2 \cdot \dfrac{3}{10} = \dfrac{6}{5}$

(3) $E(Y) = E(2X+1) = 2E(X) + 1$

$\qquad = 2 \cdot \dfrac{6}{5} + 1 = \dfrac{17}{5}$

問16 白玉 2 個と黒玉 3 個が入った袋から 2 個の玉を同時に取り出すとき，出る白玉の個数を X とする。

(1) X の確率分布を求めよ。

(2) X の期待値を求めよ。

(3) $Y = 3X - 1$ とするとき，Y の期待値を求めよ。

💡**解**

(1)

X	0	1	2	計
P				

(2)

(3)

練習31 ▶ 当たりくじ 2 本を含む 6 本のくじから 3 本のくじを同時に引く。当たりくじは 100 円，はずれくじは 10 円の賞金がもらえるとき，次の確率変数 X，Y の期待値を求めよ。

(1) 当たりくじを引く本数 X

(2) 賞金の金額 Y（円）

17 確率変数の分散と標準偏差

◇分散と標準偏差

16 の確率変数 X の**分散** $V(X)$ と**標準偏差** $\sigma(X)$ は，$E(X)=m$ とすると，

$$V(X)=(x_1-m)^2p_1+(x_2-m)^2p_2+\cdots+(x_n-m)^2p_n=E(X^2)-\{E(X)\}^2$$

$$\sigma(X)=\sqrt{V(X)}$$

また，a，b を定数とするとき，$V(aX+b)=a^2V(X)$，$\sigma(aX+b)=|a|\sigma(X)$

例17 白玉 3 個と黒玉 2 個が入った袋から 2 個の玉を同時に取り出すとき，出る白玉の個数を X とする。X の分散と標準偏差を求めよ。ただし，**例16** の結果を用いてよい。

解

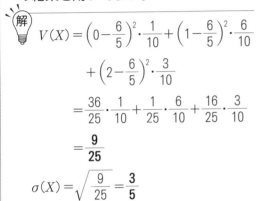

$$V(X)=\left(0-\frac{6}{5}\right)^2\cdot\frac{1}{10}+\left(1-\frac{6}{5}\right)^2\cdot\frac{6}{10}$$

$$+\left(2-\frac{6}{5}\right)^2\cdot\frac{3}{10}$$

$$=\frac{36}{25}\cdot\frac{1}{10}+\frac{1}{25}\cdot\frac{6}{10}+\frac{16}{25}\cdot\frac{3}{10}$$

$$=\frac{9}{25}$$

$$\sigma(X)=\sqrt{\frac{9}{25}}=\frac{3}{5}$$

別解

$$E(X^2)=0^2\cdot\frac{1}{10}+1^2\cdot\frac{6}{10}+2^2\cdot\frac{3}{10}=\frac{9}{5}$$

$$V(X)=E(X^2)-\{E(X)\}^2=\frac{9}{5}-\left(\frac{6}{5}\right)^2$$

$$\qquad\qquad\qquad\uparrow$$

例16 より $E(X)=\frac{6}{5}$

$$=\frac{9}{25}$$

問17 白玉 2 個と黒玉 3 個が入った袋から 2 個の玉を同時に取り出すとき，出る白玉の個数を X とする。X の分散と標準偏差を求めよ。ただし，**問16** の結果を用いてよい。

解

別解

練習32 当たりくじ 2 本を含む 6 本のくじから 3 本のくじを同時に引く。当たりくじは 100 円，はずれくじは 10 円の賞金がもらえるとき，当たりくじを引く本数 X と賞金の金額 Y（円）の分散と標準偏差を求めよ。（**練習31** の結果を用いよ）

$V(X)=$

$V(Y)=$

$\sigma(X)=$

$\sigma(Y)=$

18　確率変数の和と積 (1)

⚠ 確率変数の和

2つの確率変数 X, Y について，$E(X+Y)=E(X)+E(Y)$ が成り立つ。

また，a, b を定数とするとき $E(aX+bY)=aE(X)+bE(Y)$ である。

これらの式は3つ以上の確率変数についても成り立つ。

第2章　統計的な推測

例18 大小2個のさいころを投げて，出る目をそれぞれ X, Y とする。

(1)　X の期待値を求めよ。

(2)　$X+Y$ の期待値を求めよ。

(3)　大きいさいころの目を十の位，小さいさいころの目を一の位として二桁の自然数 Z を作る。Z の期待値を求めよ。

 解

(1)　X の確率分布は次の表のようになる。

X	1	2	3	4	5	6	計
P	$\frac{1}{6}$	$\frac{1}{6}$	$\frac{1}{6}$	$\frac{1}{6}$	$\frac{1}{6}$	$\frac{1}{6}$	1

$$E(X)=1\cdot\frac{1}{6}+2\cdot\frac{1}{6}+3\cdot\frac{1}{6}+4\cdot\frac{1}{6}+$$
$$5\cdot\frac{1}{6}+6\cdot\frac{1}{6}=\frac{7}{2}$$

(2)　Y も同様であるから $E(Y)=\frac{7}{2}$ より，

$$E(X+Y)=E(X)+E(Y)=\frac{7}{2}+\frac{7}{2}=7$$

(3)　$Z=10X+Y$ より，

↓ $10E(X)+E(Y)$

$$E(Z)=E(10X+Y)=10\cdot\frac{7}{2}+\frac{7}{2}=\frac{77}{2}$$

問18 2つの確率変数 X, Y の確率分布は下の表のようである。

X	1	3	5	計
P	$\frac{1}{3}$	$\frac{1}{3}$	$\frac{1}{3}$	1

Y	1	2	3	計
P	$\frac{1}{2}$	$\frac{1}{3}$	$\frac{1}{6}$	1

(1)　X の期待値を求めよ。

(2)　$X+Y$ の期待値を求めよ。

(3)　$Z=2X-3Y$ の期待値を求めよ。

 解　(1)

(2)

(3)

練習33 10円，50円，100円硬貨それぞれ1枚を同時に投げる。表が出た硬貨の合計金額の期待値を求めよ。ただし，10円，50円，100円硬貨の表の枚数をそれぞれ X，Y，Z とせよ。

X				計
P				

19 確率変数の和と積 (2)

⚠️ 独立な確率変数の積の期待値・和の分散

X, Y のとり得るすべての値 a, b について，$P(X=a,\ Y=b)=P(X=a)\cdot P(Y=b)$
が成り立つとき，確率変数 X, Y は独立であるという。このとき，

$$E(XY)=E(X)E(Y),\qquad V(X+Y)=V(X)+V(Y)$$

が成り立つ。これらの式は 3 つ以上の確率変数についても成り立つ。

例⑲ 大小 2 個のさいころを投げて，出る目をそれぞれ X, Y とする。

(1) XY の期待値を求めよ。

(2) $X+Y$ の分散を求めよ。

ただし，**例⑱** の結果および確率変数 X, Y が独立であることは用いてよい。

解 (1) 確率変数 X, Y は独立であるから，

$$E(XY)=E(X)E(Y)=\frac{7}{2}\cdot\frac{7}{2}=\frac{49}{4}$$

(2) $E(X^2)=E(Y^2)$

$$=\frac{1}{6}(1^2+2^2+3^2+4^2+5^2+6^2)=\frac{91}{6}$$

↑ **7** ① $\displaystyle\sum_{k=1}^{6}k^2=\frac{1}{6}\cdot 6\cdot(6+1)(2\cdot6+1)$ を用いてもよい

より，

$$V(X)=V(Y)=\frac{91}{6}-\left(\frac{7}{2}\right)^2=\frac{35}{12}$$

確率変数 X, Y は独立であるから，

$$V(X+Y)=V(X)+V(Y)$$

$$=\frac{35}{12}+\frac{35}{12}=\frac{35}{6}$$

問⑲ 2 つの確率変数 X, Y が独立で，それぞれの確率分布が **問⑱** と同じであるとする。

(1) XY の期待値を求めよ。

(2) $X+Y$ の分散を求めよ。

ただし，**問⑱** の結果を用いてよい。

解 (1)

(2)

練習34 ▶ 確率分布が右の表のようである 3 つの確率変数 X, Y, Z が互いに独立であるとき，$X+Y+Z$ の分散を求めよ。

X	0	1	計
P	$\frac{1}{2}$	$\frac{1}{2}$	1

Y	0	1	計
P	$\frac{2}{3}$	$\frac{1}{3}$	1

Z	0	1	計
P	$\frac{5}{6}$	$\frac{1}{6}$	1

20 二項分布

二項分布

1回の試行で事象 A の起こる確率を p とすると，事象 A が起こらない確率は $q=1-p$ である。これを n 回行う反復試行において，事象 A の起こる回数を X とすると，$X=r$ となる確率は

$X=r$ となる確率を表す → $P(X=r)={}_nC_r p^r q^{n-r}$　　　ただし，$q=1-p$

したがって，確率変数 X の確率分布は次の表のようになる。

X	0	1	……	r	……	n	計
P	${}_nC_0 q^n$	${}_nC_1 pq^{n-1}$	……	${}_nC_r p^r q^{n-r}$	……	${}_nC_n p^n$	1

このような確率分布を**二項分布**といい，$B(n, p)$ で表す。

また，確率変数 X が二項分布 $B(n, p)$ に従うとき，

$$E(X)=np, \quad V(X)=npq, \quad \sigma(X)=\sqrt{npq} \qquad ただし，q=1-p$$

例20 1個のさいころを4回投げて1の目が出る回数を X とする。次の値を求めよ。

(1) $P(X=2)$　← $X=2$ となる確率を表す

(2) X の期待値

(3) X の分散

(4) X の標準偏差

解 (1) X は二項分布 $B\left(4, \dfrac{1}{6}\right)$ に従い，

1の目が出る確率 ↑

$$P(X=2)={}_4C_2\left(\frac{1}{6}\right)^2\left(1-\frac{1}{6}\right)^2=\frac{25}{216}$$

↑ 1の目が出ない確率

(2) $E(X)=4\cdot\dfrac{1}{6}=\dfrac{2}{3}$

(3) $V(X)=4\cdot\dfrac{1}{6}\left(1-\dfrac{1}{6}\right)=\dfrac{5}{9}$

(4) $\sigma(X)=\sqrt{V(X)}=\sqrt{\dfrac{5}{9}}=\dfrac{\sqrt{5}}{3}$

問20 1個のさいころを5回投げて3の倍数の目が出る回数を X とする。次の値を求めよ。

(1) $P(X=3)$

(2) X の期待値

(3) X の分散

(4) X の標準偏差

解 (1)

(2)

(3)

(4)

練習35 ▶ 白玉3個と黒玉4個が入った袋から，2個の玉を同時に取り出して色を確認してから元に戻す。これを50回くり返すとき，2個の玉の色が異なる回数 X の期待値，分散，標準偏差を求めよ。

21 連続型確率変数

⚠ 連続型確率変数

連続した値をとる確率変数 X を**連続型確率変数**という。

連続型確率変数 X において，$a \leq X \leq b$ となる確率が，
つねに 0 以上である関数 $f(x)$ によって，

$$P(a \leq X \leq b) = \int_a^b f(x)\,dx$$

と表されるとき，関数 $f(x)$ を X の**確率密度関数**といい，曲線 $y=f(x)$ を X の**分布曲線**
という。

また，X のとり得る値の範囲が $\alpha \leq X \leq \beta$ のとき，$\int_\alpha^\beta f(x)\,dx = 1$ である。

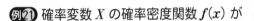

例21 確率変数 X の確率密度関数 $f(x)$ が

$$f(x) = \frac{x}{2} \quad (0 \leq x \leq 2)$$

で与えられるとき，
次の確率を求めよ。

(1)　$P(0 \leq X \leq 1)$

(2)　$P(0 \leq X \leq 2)$

 (1)　$P(0 \leq X \leq 1) = \int_0^1 \frac{x}{2}\,dx = \left[\frac{x^2}{4}\right]_0^1$

$= 0.25$

(2)　$P(0 \leq X \leq 2) = \int_0^2 \frac{x}{2}\,dx = \left[\frac{x^2}{4}\right]_0^2 = 1$

問21 確率変数 X の確率密度関数 $f(x)$
が

$$f(x) = x + \frac{1}{2} \quad (0 \leq x \leq 1)$$

で与えられるとき，次の確率を求めよ。

(1)　$P(0 \leq X \leq 0.5)$

(2)　$P(0 \leq X \leq 1)$

 (1)

(2)

練習36 確率変数 X の確率密度関数 $f(x)$ が次の式で与えられるとき，指定された確率
を求めよ。

(1)　$f(x) = \frac{1}{2}x + \frac{1}{2} \quad (-1 \leq x \leq 1)$ のとき，

$-0.5 \leq X \leq 0.5$ である確率。

(2)　$f(x) = 1 \ (0 \leq x \leq 1)$ のとき，$a \leq X \leq b$
である確率。ただし，$0 \leq a \leq b \leq 1$ とする。

22 正規分布

正規分布

① 連続型確率変数 X の確率密度関数 $f(x)$ が，m，σ を定数として

$$f(x)=\frac{1}{\sqrt{2\pi}\,\sigma}e^{-\frac{(x-m)^2}{2\sigma^2}}$$ ← e は自然対数の底と呼ばれる
無理数で，$e=2.71828\cdots$

で与えられるとき，X は**正規分布 $N(m,\ \sigma^2)$** に従うといい，
$y=f(x)$ のグラフを**正規分布曲線**という。
このとき，$E(X)=m$，$\sigma(X)=\sigma$ である。

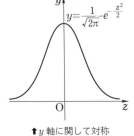

↑ y 軸に関して対称

② 確率変数 X が正規分布 $N(m,\ \sigma^2)$ に従うとき，$Z=\dfrac{X-m}{\sigma}$

とおくと，確率変数 Z は**標準正規分布 $N(0,\ 1)$** に従う。

③ 確率変数 Z が標準正規分布 $N(0,\ 1)$ に従うとき，$P(0\leqq Z\leqq z_0)$ の値は巻末 p. 47 の「正規分布表」を用いて調べることができる。

※以下の問題では巻末 p. 47 の「正規分布表」を用いてよい。

例22 次の確率を求めよ。ただし，確率変数 Z は標準正規分布 $N(0,\ 1)$ に，確率変数 X は正規分布 $N(3,\ 2^2)$ に従う。

(1) $P(0\leqq Z\leqq 0.43)$

(2) $P(-2.21\leqq Z\leqq 0.37)$

(3) $P(0.42\leqq X\leqq 3.18)$

 解

(1) $P(0\leqq Z\leqq 0.43)=\mathbf{0.1664}$

正規分布表の 0.4 の行の左から 4 番 ↑
目の 0.03 の列に書いてある値

(2) $P(-2.21\leqq Z\leqq 0.37)$

$=P(-2.21\leqq Z\leqq 0)+P(0\leqq Z\leqq 0.37)$

$=P(0\leqq Z\leqq 2.21)+P(0\leqq Z\leqq 0.37)$
↖標準正規分布の分布曲線は y 軸対称
$=0.4864+0.1443=\mathbf{0.6307}$

(3) $Z=\dfrac{X-3}{2}$ とおくと，Z は標準正規

分布 $N(0,\ 1)$ に従う。

$X=0.42$ のとき $Z=\dfrac{0.42-3}{2}=-1.29$

$X=3.18$ のとき $Z=\dfrac{3.18-3}{2}=0.09$

であるから，

$P(0.42\leqq X\leqq 3.18)=P(-1.29\leqq Z\leqq 0.09)$

$=P(0\leqq Z\leqq 1.29)+P(0\leqq Z\leqq 0.09)$

$=0.4015+0.0359=\mathbf{0.4374}$

問22 次の確率を求めよ。ただし，確率変数 Z は標準正規分布 $N(0,\ 1)$ に，確率変数 X は正規分布 $N(2,\ 3^2)$ に従う。

(1) $P(0\leqq Z\leqq 2.74)$

(2) $P(-1.92\leqq Z\leqq 0.78)$

(3) $P(-1\leqq X\leqq 8)$

 解

(1)

(2)

(3)

第2章

統計的な推測

練習37 確率変数 Z が標準正規分布 $N(0, 1)$ に従うとき，次の確率を求めよ。

(1) $P(Z \leqq 0.16)$

(2) $P(Z \geqq 0.57)$

(3) $P(0.14 \leqq Z \leqq 1.28)$

(4) $P(-2.05 \leqq Z \leqq -0.80)$

練習38 確率変数 X が正規分布 $N(4, 5^2)$ に従うとき，次の確率を求めよ。

(1) $P(X \leqq 5)$

(2) $P(X \geqq 6)$

(3) $P(3 \leqq X \leqq 7)$

(4) $P(0 \leqq X \leqq 2)$

練習39 ある年の高校3年生の男子の身長の分布は，平均 170.9cm，標準偏差 5.8cm の正規分布とみなせるという。このとき，身長が 182.5cm 以上の生徒はおよそ何％か。小数第2位を四捨五入して小数第1位まで求めよ。

23 二項分布の正規分布による近似

⚠️ 二項分布の正規分布による近似

二項分布 $B(n, p)$ に従う確率変数 X は，n が大きいとき，近似的に正規分布 $N(np, npq)$ に従う $(q = 1-p)$。←np は $B(n, p)$ の期待値，npq は $B(n, p)$ の分散

したがって，二項分布 $B(n, p)$ に従う確率変数 X に対し，$Z = \dfrac{X-np}{\sqrt{npq}}$ は，n が大きいとき，標準正規分布 $N(0, 1)$ に従うとみなしてよい。←**22** ②を用いる

例23 1個のさいころを720回投げるとき，1の目が130回以上出る確率を，正規分布表を用いて求めよ。

(解) 1の目の出る回数を X とすると，X は二項分布 $B\left(720, \dfrac{1}{6}\right)$ に従う。このとき，

$$E(X) = 720 \cdot \dfrac{1}{6} = 120$$

$$\sigma(X) = \sqrt{720 \cdot \dfrac{1}{6} \cdot \left(1 - \dfrac{1}{6}\right)} = 10$$

であるから，$Z = \dfrac{X-120}{10}$ は標準正規分布 $N(0, 1)$ に従うとみなしてよい。

$X = 130$ のとき $Z = \dfrac{130-120}{10} = 1$ であるから，求める確率は

$$P(X \geqq 130) = P(Z \geqq 1) = 0.5 - P(0 \leqq Z \leqq 1)$$
$$= 0.5 - 0.3413 = \mathbf{0.1587}$$

問23 1個のさいころを180回投げるとき，1の目が33回以上出る確率を，正規分布表を用いて求めよ。

(解)

練習40 1枚の硬貨を400回投げるとき，表の出る回数を X とする。次の確率を，正規分布表を用いて求めよ。

(1) $P(190 \leqq X \leqq 210)$

(2) $P(180 \leqq X \leqq 220)$

24 母集団と標本

⚠️ 母集団と標本

標本調査では，調査の対象全体を**母集団**といい，母集団に属する個々の対象を**個体**，個体の総数を母集団の**大きさ**という。

大きさ N の母集団において，変量の値が x_1，x_2，……，x_k である個体がそれぞれ f_1，f_2，……，f_k 個あるとする。

母集団から無作為に抽出した個体の変量の値を X とすると，X は確率変数でその確率分布は右の表のようになる。このとき，確率変数 X の確率分布，期待値，分散，標準偏差を，それぞれ**母集団分布**，**母平均**，**母分散**，**母標準偏差**という。

X	x_1	x_2	……	x_k	計
P	$\dfrac{f_1}{N}$	$\dfrac{f_2}{N}$	……	$\dfrac{f_k}{N}$	1

例24 次の表は 160 枚の札に書かれた数とその枚数の表である。160 枚を母集団，札に書かれた数を変量 X とする。

数	1	2	3	4	5	計
枚数	10	20	30	40	60	160

(1) 母集団分布を求めよ。

(2) 母平均 m と母標準偏差 σ を求めよ。

問24 次の表は 50 枚の札に書かれた数とその枚数の表である。50 枚を母集団，札に書かれた数を変量 X とする。

数	1	2	3	4	計
枚数	20	15	10	5	50

(1) 母集団分布を求めよ。

(2) 母平均 m と母標準偏差 σ を求めよ。

 解 (1)

X	1	2	3	4	5	計
P	$\dfrac{1}{16}$	$\dfrac{2}{16}$	$\dfrac{3}{16}$	$\dfrac{4}{16}$	$\dfrac{6}{16}$	1

(2) $m=\dfrac{1\cdot1+2\cdot2+3\cdot3+4\cdot4+5\cdot6}{16}=\dfrac{15}{4}$

$$\dfrac{1^2\cdot1+2^2\cdot2+3^2\cdot3+4^2\cdot4+5^2\cdot6}{16}≒\dfrac{125}{8} \quad \downarrow E(X^2)$$

より $\sigma=\sqrt{\dfrac{125}{8}-\left(\dfrac{15}{4}\right)^2}=\sqrt{\dfrac{25}{16}}=\dfrac{5}{4}$

$\uparrow \sigma(X)=\sqrt{V(X)}$
　$=\sqrt{E(X^2)-\{E(X)\}^2}$

 解 (1)

X	1	2	3	4	計
P					1

(2)

練習41 右の表はある町の世帯人数の度数分布表である。525 世帯を母集団，世帯人数を変量 X とするとき，母平均 m と母分散 σ^2 を求めよ。

世帯人数	1	2	3	4	5	計
世帯数	320	128	48	25	4	525

第2章

統計的な推測

25 標本平均

⚠️標本平均の分布

調査のため母集団から抜き出された一部を**標本**といい，抜き出すことを**抽出**という。
また，標本に属する個体の総数を**標本の大きさ**という。 ↓母集団の各個体を等しい確率で抽出する

母平均 m，母標準偏差 σ の母集団から，大きさ n の標本を無作為抽出するとき，

その標本平均 $\overline{X}=\dfrac{X_1+X_2+\cdots+X_n}{n}$ の期待値と標準偏差は $E(\overline{X})=m$，$\sigma(\overline{X})=\dfrac{\sigma}{\sqrt{n}}$

標本平均 $\overline{X}$ は，n が大きいとき，正規分布 $N\left(m,\ \dfrac{\sigma^2}{n}\right)$ に従うとみなしてよい。

例25 母平均 50，母標準偏差 30 の母集団から，大きさ 100 の標本を無作為抽出する。標本平均 $\overline{X}$ について，次の値を求めよ。

(1) 標本平均 $\overline{X}$ の期待値と標準偏差

(2) 標本平均 $\overline{X}$ が 56 より大きい値をとる確率

解 (1) $E(\overline{X})=\mathbf{50}$

$\qquad\sigma(\overline{X})=\dfrac{30}{\sqrt{100}}=\mathbf{3}$

(2) $\overline{X}$ は $N(50,\ 3^2)$ に従うとみなせるから，

$Z=\dfrac{\overline{X}-50}{3}$ は標準正規分布 $N(0,\ 1)$

に従うとみなせる。←**22** ②を用いる

$\overline{X}=56$ のとき $Z=\dfrac{56-50}{3}=2$ より，

$P(\overline{X}>56)=P(Z>2)=0.5-P(0\leqq Z\leqq2)$

$\qquad\qquad=0.5-0.4772=\mathbf{0.0228}$

問25 母平均 60，母標準偏差 16 の母集団から，大きさ 64 の標本を無作為抽出する。標本平均 $\overline{X}$ について，次の値を求めよ。

(1) 標本平均 $\overline{X}$ の期待値と標準偏差

(2) 標本平均 $\overline{X}$ が 58 より小さい値をとる確率

解 (1)

(2)

練習42 母平均 200，母標準偏差 40 の母集団から，大きさ 400 の標本を無作為抽出する。標本平均 $\overline{X}$ について，次の値を求めよ。

(1) 標本平均 $\overline{X}$ の期待値と標準偏差

(2) 標本平均 $\overline{X}$ が 195 以上かつ 205 以下となる確率

26　推　定（1）

⚠ 母平均の推定

　母標準偏差 σ の母集団から，大きさ n の標本を抽出する。その標本平均を $\overline{X}$ とすると，n が大きければ，母平均 m に対する信頼度95%の信頼区間は

$$\left[\overline{X}-1.96\times\frac{\sigma}{\sqrt{n}},\ \overline{X}+1.96\times\frac{\sigma}{\sqrt{n}}\right]$$

標本の大きさ n が大きいときは，母標準偏差の代わりに標本の標準偏差を用いてよい。

例26 ある工場で生産された製品の中から，100個を無作為に抽出して重さを量ったら，平均50.4g，標準偏差1.53gであった。この製品の平均の重さ m g に対して，信頼度95%の信頼区間を求めよ。

 標本平均 $\overline{X}$ は50.4，標本の標準偏差は1.53，標本の大きさ n は100より，

$$1.96\times\frac{\sigma}{\sqrt{n}}=1.96\times\frac{1.53}{\sqrt{100}}$$
$$=1.96\times0.153≒0.3$$

←n が大きいので $\sigma=1.53$ としてよい

よって，50.4−0.3＝50.1

　　　　50.4＋0.3＝50.7

より，この製品の平均の重さ m g に対する信頼度95%の信頼区間は **[50.1, 50.7]**

問26 ある工場で生産された製品の中から，400個を無作為に抽出して長さを測ったら，平均9.08 cm，標準偏差0.20 cmであった。この製品の平均の長さ m cm に対して，信頼度95%の信頼区間を求めよ。

解

練習43 ある大学には多くの留学生が在籍している。40人の留学生を無作為に抽出し，ある1週間における日本語の学習時間（分）を調査した結果，学習時間の平均値は120であった。母分散 σ^2 を640と仮定したとき，次の問に答えよ。ただし，標本平均は近似的に正規分布に従うとする。（共通テスト）

(1) 標本平均の標準偏差を求めよ。

(2) 母平均 m に対する信頼度95%の信頼区間を求めよ。

27 推　定 (2)

⚠️ 母比率の推定

↓標本の中である性質をもつものの割合

標本の大きさ n が大きいとき，標本比率を R とすると，母比率 p に対する信頼度 95 ％の信頼区間は

↑母集団の中である性質をもつものの割合

$$\left[R - 1.96 \times \sqrt{\frac{R(1-R)}{n}}, \ R + 1.96 \times \sqrt{\frac{R(1-R)}{n}} \right]$$

例27 ある工場で作った製品 400 個について検査したところ，16 個が不良品であった。この工場で作った全製品における不良品の比率 p を，信頼度 95 ％で推定せよ。（小数第 3 位まで）

 標本比率 R は $\dfrac{16}{400} = 0.04$

標本の大きさ n は 400 であるから，

$$1.96 \times \sqrt{\frac{0.04 \times 0.96}{400}} = 1.96 \times \frac{4\sqrt{6}}{1000}$$

$$\fallingdotseq 1.96 \times \frac{4 \times 2.45}{1000} \fallingdotseq 0.019$$

↑ $\sqrt{6} \fallingdotseq 2.45$

よって，

$0.04 - 0.019 = 0.021, \ 0.04 + 0.019 = 0.059$

より，全製品における不良品の比率 p の信頼度 95 ％の信頼区間は **[0.021, 0.059]**

問27 ある工場で作った製品 100 個について検査したところ，10 個が不良品であった。この工場で作った全製品における不良品の比率 p を，信頼度 95 ％で推定せよ。（小数第 3 位まで）

練習44 ある都市での世論調査において，無作為に 400 人の有権者を選び，ある政策に対する賛否を調べたところ，320 人が賛成であった。この都市の有権者全体のうち，この政策の賛成者の母比率 p に対する信頼度 95 ％の信頼区間を求めたい。次の問に答えよ。ただし，標本の大きさが 400 と大きいので，二項分布の正規分布による近似を用いよ。（センター試験）

(1) 標本比率 R を求めよ。

(2) p に対する信頼度 95 ％の信頼区間を求めよ。（小数第 2 位まで）

28 仮説検定

⚠ 仮説検定の手順

① 母集団に関して主張したい仮説 A（**対立仮説**）と，それに反する仮説 B（**帰無仮説**）を設定する。

② 起こりえないとみなす確率（**有意水準**）をあらかじめ定め，仮説 B が正しいとした場合に母集団から得られる標本の分布から，起こらないとする範囲（**棄却域**）を求める。

（有意水準は 5 ％または 1 ％にすることが多い。）

③ 標本から得られた値が，②で求めた範囲にあれば，仮説 B は誤り（**棄却**するという）で仮説 A が正しいと判断できる。範囲になければ，仮説 B は誤っているとはいえず，仮説 A が正しいかどうかは判断できない。

⚠ 両側検定と片側検定

棄却域を分布の両側に設定し，「ある値と異なる」ことを検定する**両側検定**と，棄却域を分布の片側に設定し，「ある値よりも大きい」あるいは「ある値よりも小さい」の一方のみを検定する**片側検定**がある。

⚠ 母平均の仮説検定

母平均 m，母標準偏差 σ の母集団から，無作為抽出した大きさ n の標本の標本平均 $\overline{X}$ について，n が大きいとき，$Z = \dfrac{\overline{X} - m}{\dfrac{\sigma}{\sqrt{n}}}$ は標準正規分布 $N(0,\ 1)$ に従うとみなすこ

↑ 25 を用いる

とができる。（標本の大きさが大きいときは，母標準偏差の代わりに標本の標準偏差を用いてもよい。）

対立仮説を「母平均が m と異なる」，

帰無仮説を「母平均が m と等しい」

とするとき，両側検定における有意水準 5 ％の棄却域は

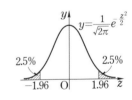

$Z \leqq -1.96$ または $1.96 \leqq Z$

対立仮説を「母平均が m より大きい（小さい）」，

帰無仮説を「母平均が m と等しい」

とするとき，片側検定における有意水準 5 ％の棄却域は

$Z \geqq 1.64$（あるいは $Z \leqq -1.64$）

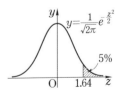

⚠ 母比率の仮説検定

性質 A の母比率が p である母集団から，無作為抽出した大きさ n の標本のうち，性質 A をもつものの数を X とすると，X は二項分布 $B(n,\ p)$ に従う。よって，n が大き

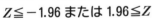 ↑ 標本比率は $\dfrac{X}{n}$ ↑ 20 より，$E(X) = np$，$\sigma(X) = \sqrt{np(1-p)}$ 23 を↑ 用いる

いとき，$Z = \dfrac{X - np}{\sqrt{np(1-p)}}$ は標準正規分布 $N(0,\ 1)$ に従うとみなすことができる。

母比率 p に関する仮説検定における Z に関する棄却域は，母平均 m に関する棄却域と同様である。

例28 あるコインを 400 回投げたところ，表が 218 回出た。このコインは表と裏の出やすさに偏りがあると判断してよいか。有意水準 5% で両側検定せよ。

解 対立仮説を「表が出る確率は 0.5 でない」，帰無仮説を「表が出る確率は 0.5 である」とする。

この帰無仮説が正しいとすると，400 回のうち表の出る回数 X は二項分布 $B(400,\ 0.5)$ に従う。

$$E(X)=400 \cdot 0.5=200,$$
$$\sigma(X)=\sqrt{400 \cdot 0.5 \cdot 0.5}=10$$

←**20** 二項分布
$E(X)=np$
$\sigma(X)=\sqrt{np(1-p)}$

より，$Z=\dfrac{X-200}{10}$ は標準正規分布

$N(0,\ 1)$ に従うとみなしてよい。←**23** を用いる

正規分布表より

$P(-1.96 \leqq Z \leqq 1.96)=0.95$ であるから，

↑
$P(-1.96 \leqq Z \leqq 1.96)$
$=2 \cdot P(0 \leqq Z \leqq 1.96)$
$=2 \cdot 0.4750=0.9500$

有意水準 5% の棄却域は $Z \leqq -1.96$ または $1.96 \leqq Z$ である。

$X=218$ のとき

$$Z=\frac{218-200}{10}=1.8$$

であるからこの値は棄却域に含まれず，帰無仮説は棄却できない。

よって，**このコインは表と裏の出やすさに偏りがあるとは判断できない。**

↑
対立仮説が正しい
とは判断できない

問28 あるさいころを 720 回投げたところ，1 の目が 100 回出た。このさいころの 1 の目が出る確率は $\dfrac{1}{6}$ でないと判断してよいか。有意水準 5% で両側検定せよ。

解

例29 ある携帯機器は，最大に充電したとき連続使用可能な時間は平均 49.4 時間であった。今回，いくつかの部品を省電力のものに替え新しい製品を作った。新しい製品のうち 100 個を無作為に抽出して連続使用可能な時間を測ったら，平均 50.7 時間で，標準偏差は 6.9 時間であった。この調査から，連続使用可能な時間の平均が伸びたと判断してよいか。有意水準 5% で片側検定せよ。

(解) 対立仮説を「連続使用時間が伸びた」，帰無仮説を「連続使用時間が変わらない」とする。

この帰無仮説が正しいとすると，100 個の標本の連続使用可能時間の平均 $\overline{X}$ は

正規分布 $N\left(49.4,\ \dfrac{6.9^2}{100}\right)$

に従うとみなせる。　←n が大きいので $\sigma=6.9$ としてよい **25** を用いる

よって，$Z=\dfrac{\overline{X}-49.4}{\dfrac{6.9}{10}}$ は標準正規分布

$$P(Z\leqq 1.64)$$
$$=0.5+P(0\leqq Z\leqq 1.64)$$
$$=0.5+0.4495=0.9495$$

$N(0,\ 1)$ に従うとみなせる。

↓

正規分布表より $P(Z\leqq 1.64)\fallingdotseq 0.95$ であるから，有意水準 5% の棄却域は $Z\geqq 1.64$ である。

$\overline{X}=50.7$ のとき $Z=\dfrac{50.7-49.4}{0.69}=1.88\cdots$

であるからこの値は棄却域に含まれ，帰無仮説は棄却できる。

よって，**この製品の連続使用時間の平均は伸びたと判断できる。**　対立仮説が正しいと ←判断できる

問29 **例29** の携帯機器について，いくつかの部品を高性能ではあるが，電力を使うものに替え新しい製品を作った。新しい製品のうち 100 個を無作為に抽出して連続使用可能な時間を測ったら，平均 48.5 時間で，標準偏差は 6.8 時間であった。この調査から，連続使用可能な時間の平均が短くなったと判断してよいか。有意水準 5% で片側検定せよ。

(解)

練習**45** ▶ 1 袋 500 g 入りの製品 100 袋を無作為抽出し，1 袋当たりの重さを量ったら，平均は 499.4 g で，標本の標準偏差は 3.01 g であった。この製品全体における 1 袋あたりの重さの平均は 500 g と異なると判断できるか。ただし，標本の標準偏差を母標準偏差とみなしてよい。

(1) 有意水準 5% で両側検定せよ。

(2) 有意水準 1% で両側検定せよ。

練習**46** ▶ ある企業が自社製品の知名度を上げるため広告を出した。広告を出す前のアンケート調査で，製品を知っている人数は 2500 人中 50 人であったが，広告を出した後のアンケート調査では 2500 人中 63 人になった。この広告は効果があったと考えてよいか。有意水準 5% で片側検定せよ。

■ 正規分布表

次の表は，標準正規分布の分布曲線における右図の灰色部分の面積の値をまとめたものである．

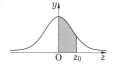

z_0	0.00	0.01	0.02	0.03	0.04	0.05	0.06	0.07	0.08	0.09
0.0	0.0000	0.0040	0.0080	0.0120	0.0160	0.0199	0.0239	0.0279	0.0319	0.0359
0.1	0.0398	0.0438	0.0478	0.0517	0.0557	0.0596	0.0636	0.0675	0.0714	0.0753
0.2	0.0793	0.0832	0.0871	0.0910	0.0948	0.0987	0.1026	0.1064	0.1103	0.1141
0.3	0.1179	0.1217	0.1255	0.1293	0.1331	0.1368	0.1406	0.1443	0.1480	0.1517
0.4	0.1554	0.1591	0.1628	0.1664	0.1700	0.1736	0.1772	0.1808	0.1844	0.1879
0.5	0.1915	0.1950	0.1985	0.2019	0.2054	0.2088	0.2123	0.2157	0.2190	0.2224
0.6	0.2257	0.2291	0.2324	0.2357	0.2389	0.2422	0.2454	0.2486	0.2517	0.2549
0.7	0.2580	0.2611	0.2642	0.2673	0.2704	0.2734	0.2764	0.2794	0.2823	0.2852
0.8	0.2881	0.2910	0.2939	0.2967	0.2995	0.3023	0.3051	0.3078	0.3106	0.3133
0.9	0.3159	0.3186	0.3212	0.3238	0.3264	0.3289	0.3315	0.3340	0.3365	0.3389
1.0	0.3413	0.3438	0.3461	0.3485	0.3508	0.3531	0.3554	0.3577	0.3599	0.3621
1.1	0.3643	0.3665	0.3686	0.3708	0.3729	0.3749	0.3770	0.3790	0.3810	0.3830
1.2	0.3849	0.3869	0.3888	0.3907	0.3925	0.3944	0.3962	0.3980	0.3997	0.4015
1.3	0.4032	0.4049	0.4066	0.4082	0.4099	0.4115	0.4131	0.4147	0.4162	0.4177
1.4	0.4192	0.4207	0.4222	0.4236	0.4251	0.4265	0.4279	0.4292	0.4306	0.4319
1.5	0.4332	0.4345	0.4357	0.4370	0.4382	0.4394	0.4406	0.4418	0.4429	0.4441
1.6	0.4452	0.4463	0.4474	0.4484	0.4495	0.4505	0.4515	0.4525	0.4535	0.4545
1.7	0.4554	0.4564	0.4573	0.4582	0.4591	0.4599	0.4608	0.4616	0.4625	0.4633
1.8	0.4641	0.4649	0.4656	0.4664	0.4671	0.4678	0.4686	0.4693	0.4699	0.4706
1.9	0.4713	0.4719	0.4726	0.4732	0.4738	0.4744	0.4750	0.4756	0.4761	0.4767
2.0	0.4772	0.4778	0.4783	0.4788	0.4793	0.4798	0.4803	0.4808	0.4812	0.4817
2.1	0.4821	0.4826	0.4830	0.4834	0.4838	0.4842	0.4846	0.4850	0.4854	0.4857
2.2	0.4861	0.4864	0.4868	0.4871	0.4875	0.4878	0.4881	0.4884	0.4887	0.4890
2.3	0.4893	0.4896	0.4898	0.4901	0.4904	0.4906	0.4909	0.4911	0.4913	0.4916
2.4	0.4918	0.4920	0.4922	0.4925	0.4927	0.4929	0.4931	0.4932	0.4934	0.4936
2.5	0.4938	0.4940	0.4941	0.4943	0.4945	0.4946	0.4948	0.4949	0.4951	0.4952
2.6	0.4953	0.4955	0.4956	0.4957	0.4959	0.4960	0.4961	0.4962	0.4963	0.4964
2.7	0.4965	0.4966	0.4967	0.4968	0.4969	0.4970	0.4971	0.4972	0.4973	0.4974
2.8	0.4974	0.4975	0.4976	0.4977	0.4977	0.4978	0.4979	0.4979	0.4980	0.4981
2.9	0.4981	0.4982	0.4982	0.4983	0.4984	0.4984	0.4985	0.4985	0.4986	0.4986
3.0	0.4987	0.4987	0.4987	0.4988	0.4988	0.4989	0.4989	0.4989	0.4990	0.4990

高校数学

直接書き込む
やさしい
数学Bノート
［三訂版］

別冊解答

旺文社

直接書き込む

やさしい

数学Bノート

［三訂版］

別冊解答

旺文社

1 数列，等差数列の一般項

考え方 等差数列の一般項を求めるためには，初項と公差を調べよう。

問1

(1) 　$a_1 = 2^1 - 1 = \mathbf{1}$ 　　　　　　　　　　　　　　←$a_n = 2^n - 1$ の n に 1 を代入する

　　$a_2 = 2^2 - 1 = \mathbf{3}$ 　　　　　　　　　　　　　←n に 2 を代入する

　　$a_3 = 2^3 - 1 = \mathbf{7}$ 　　　　　　　　　　　　　←n に 3 を代入する

(2) (i) 　$a_n = 3 + (n-1) \cdot (-2) = \mathbf{-2n+5}$ 　　←$a=3$，$d=-2$ を $a_n = a + (n-1)d$ に代入する

　　(ii) 　$a_n = -11$ とすると，　$-2n + 5 = -11$ 　　←第 n 項が -11 であるとして n を求める

　　　　　　　　$-2n = -16$ 　　$n = 8$

　　　　よって，**第 8 項**

(3) 　初項 a，公差 d とすると，一般項は，　　　　　←条件を利用して a と d を求めていく

　　　　$a_n = a + (n-1)d$

　　$a_4 = 14$ より，　$a + 3d = 14$ 　　…① 　　　　←一般項 a_n の n に 4，16 を代入して a と d の連立方程式をつくる

　　$a_{16} = 50$ より，　$a + 15d = 50$ 　　…②

　　②$-$①から，$12d = 36$ 　　$d = 3$

　　①へ代入して，$a + 9 = 14$ 　　$a = 5$ 　　　　　　←一般項は $a_n = 5 + (n-1) \cdot 3 = 3n + 2$

　　　　よって，**初項 5，公差 3** 　　　　　　　　　　　　　n に 4，16 を代入して，それぞれ 14，50 になるかチェックしよう

練習1

(1) 　$a_1 = 1^2 + 1 = \mathbf{2}$ 　　　　　　　　　　　　　←$a_n = n^2 + n$ の n に 1，2，3，4 を順に代入する

　　$a_2 = 2^2 + 2 = \mathbf{6}$

　　$a_3 = 3^2 + 3 = \mathbf{12}$

　　$a_4 = 4^2 + 4 = \mathbf{20}$

(2) 　$a_1 = (-1)^1 + 1 = \mathbf{0}$ 　　　　　　　　　　　←$a_n = (-1)^n + 1$ の n に 1，2，3，4 を順に代入する

　　$a_2 = (-1)^2 + 1 = \mathbf{2}$

　　$a_3 = (-1)^3 + 1 = \mathbf{0}$

　　$a_4 = (-1)^4 + 1 = \mathbf{2}$

練習2

(1) (i) 　公差を d とすると，初項が 10 より一般項は，　←公差を d として，一般項の式をつくる

　　　　$a_n = 10 + (n-1)d$ 　　…(*) 　　　　　　　　←$a_n = a + (n-1)d$

　　　　$a_{15} = 10 + 14d = 94$ より，$d = 6$ 　…① 　よって，**公差 6**

　　(ii) 　(*)に①を代入して，$a_n = 10 + (n-1) \cdot 6 = \mathbf{6n+4}$

　　(iii) 　$a_{100} = 6 \cdot 100 + 4 = \mathbf{604}$ 　　　　　　　←(ii)で求めた a_n の式の n に 100 を代入する

(2) (i) 　初項を a とすると，公差が 3 より一般項は，　←初項を a として，一般項の式をつくる

　　　　$a_n = a + (n-1) \cdot 3$ 　　…(**) 　　　　　　←$a_n = a + (n-1)d$

　　　　$a_{10} = a + 27 = 31$ より，$a = 4$ 　…② 　よって，**初項 4**

　　(ii) 　(**)に②を代入して，$a_n = 4 + (n-1) \cdot 3 = \mathbf{3n+1}$

　　(iii) 　$a_n = 100$ とすると，　$3n + 1 = 100$ 　　　　←(ii)で求めた a_n の式が 100 になる n を求める

　　　　　　　　　　　$3n = 99$ より，$n = 33$

　　　　よって，100 は**第 33 項**

練習3

(1) (i) 　初項 -50，公差 5 より，一般項は，

　　　　$a_n = -50 + (n-1) \cdot 5 = \mathbf{5n-55}$ 　　　　←$a_n = a + (n-1)d$

(ii) $a_n > 0$ とすると，$5n - 55 > 0$　$5n > 55$　$n > 11$

　よって，はじめて正になるのは，**第12項**

← 正になるときであるから $a_n > 0$ を満たす n の範囲を調べる

← 第11項ではないので注意

⑵ (i) 初項 a，公差 d とすると，一般項は，

$$a_n = a + (n-1)d \quad \cdots(*)$$

$a_4 = 61$ より，$a + 3d = 61$　$\cdots$①

$a_{10} = 7$ より，$a + 9d = 7$　$\cdots$②

②−①から，$6d = -54$　$d = -9$

①へ代入して，$a = 88$

(*)より，$a_n = 88 + (n-1)\cdot(-9)$

$$a_n = -9n + 97$$

← 一般項 a_n の n に 4，10 を代入する

(ii) $a_n < 0$ とすると，$-9n + 97 < 0$　$-9n < -97$　$n > 10.7\cdots$

　よって，はじめて負になるのは，**第11項**

← 負になるときであるから $a_n < 0$ を満たす n の範囲を調べる

← $10.7\cdots$ より大きい最小の整数

2 等差数列の和

考え方　等差数列の和は，（初項＋末項）×項数÷2 の式を基本にしよう。

問2

⑴ (i) $\dfrac{1}{2}\cdot 25\cdot(2 + 72) = \mathbf{925}$

← 初項，末項，項数が与えられているので $S_n = \dfrac{1}{2}n(a + l)$ の式に代入する

(ii) $\dfrac{1}{2}\cdot 10\cdot\{2\cdot(-2) + (10-1)\cdot 3\}$

$= 5\cdot(-4 + 27) = 5\cdot 23 = \mathbf{115}$

← 初項，公差，項数が与えられているので $S_n = \dfrac{1}{2}n\{2a + (n-1)d\}$ の式に代入する

$a_n = -2 + (n-1)\cdot 3 = 3n - 5$ より末項は $a_{10} = 25$

よって，和は $\dfrac{1}{2}\cdot 10\cdot(-2 + 25)$ としてもよい

⑵ 1 から 100 までの 4 の倍数は，4，8，12，$\cdots$，100 で

あり，初項 4，公差 4 の等差数列であるから，この数

列を $\{a_n\}$ とすると，一般項は，

$$a_n = 4 + (n-1)\cdot 4 = 4n$$

ここで，$a_n = 100$ とおくと，$4n = 100$ より $n = 25$

よって，求める和は，$\dfrac{1}{2}\cdot 25\cdot(4 + 100) = \mathbf{1300}$

← 書き出してみると，初項 4，末項 100 の等差数列であることがわかる

← $a_n = a + (n-1)d$

← 項数 n を求める

← $S_n = \dfrac{1}{2}n(a + l)$

練習4

⑴ $S = \dfrac{1}{2}\cdot 10\cdot\{6 + (-30)\} = 5\cdot(-24) = \mathbf{-120}$

← $S_n = \dfrac{1}{2}n(a + l)$

⑵ $S = \dfrac{1}{2}\cdot 25\cdot\{2\cdot(-15) + (25-1)\cdot 5\}$

$= \dfrac{1}{2}\cdot 25\cdot 90 = \mathbf{1125}$

← $S_n = \dfrac{1}{2}n\{2a + (n-1)d\}$

⑶ 初項 −4，公差 3 の等差数列であるから，一般項は，

$$-4 + (n-1)\cdot 3 = 3n - 7$$

$3n - 7 = 98$ とすると，$3n = 105$　$n = 35$

よって，$S = \dfrac{1}{2}\cdot 35\cdot(-4 + 98) = \dfrac{1}{2}\cdot 35\cdot 94 = \mathbf{1645}$

← 項数 n を求める

すなわち，98 が第何項かを調べる

← $S_n = \dfrac{1}{2}n(a + l)$

⑷ 初項 17，公差 −4 の等差数列であるから，一般項は，

$$17 + (n-1)\cdot(-4) = -4n + 21$$

$-4n + 21 = -19$ とすると，$-4n = -40$　$n = 10$

よって，$S = \dfrac{1}{2}\cdot 10\cdot\{17 + (-19)\} = 5\cdot(-2) = \mathbf{-10}$

← 項数 n を求める

すなわち，−19 が第何項かを調べる

← $S_n = \dfrac{1}{2}n(a + l)$

練習 5

項数を n とすると，和が 540 であるから，

$$\frac{1}{2}n\{50+(-20)\}=540 \quad 15n=540 \quad n=36$$

公差を d とすると，末項が -20 であるから，

$$50+(36-1)d=-20 \quad 35d=-70 \quad d=-2$$

よって，**公差 -2，項数 36**

← まず，項数を求めよう

← 初項と末項が与えられているので，$S_n=\frac{1}{2}n(a+l)$ を利用する

← 末項は第 36 項

← $a_n=a+(n-1)d$, $a_{36}=-20$ より公差を求める

練習 6

100 以下の自然数のうち 4 で割ると 3 余る数は，

$$3, \quad 7, \quad 11, \quad \cdots$$

であるから，初項 3，公差 4 の等差数列になる。

よって，一般項 a_n は，

$$a_n=3+(n-1)\cdot 4=4n-1$$

$a_n\leq 100$ とすると，$4n-1\leq 100 \quad 4n\leq 101 \quad n\leq 25.25$

よって，項数は 25 であるから，$a_{25}=4\cdot 25-1=99$

ゆえに，求める和は，

$$\frac{1}{2}\cdot 25\cdot(3+99)=25\cdot 51=\mathbf{1275}$$

← 具体的に書き出すと，この数列は…
　7 ではなく 3 からであることに注意

← この数列の末項が 99 であることがわかった場合は，$a_n=99$ として項数 n を求めればよい

← 項数 n を調べる

← 項数 $n=25$ から $S_n=\frac{1}{2}n\{2a+(n-1)d\}$ を利用して和を求めてもよい

← $S_n=\frac{1}{2}n(a+l)$

3 等比数列の一般項

考え方 等比数列の一般項を求めるためには，初項と公比を調べよう。

問 3

(1) (i) $a_n=\mathbf{5\cdot 2^{n-1}}$

← 10^{n-1} としないこと。$5\cdot 2^{n-1}=5\cdot\underbrace{2\cdot 2\cdot\cdots\cdot 2}_{(n-1)個}$ である

(ii) 初項 $\frac{1}{2}$，公比 $-\frac{1}{2}$ の等比数列であるから，

$$a_n=\frac{1}{2}\cdot\left(-\frac{1}{2}\right)^{n-1}$$

← $a_2=a_1 r$ より，$r=\dfrac{a_2}{a_1}$

← $a_n=-\left(-\dfrac{1}{2}\right)\cdot\left(-\dfrac{1}{2}\right)^{n-1}=-\left(-\dfrac{1}{2}\right)^n$ としてもよい

(2) 初項 a，公比 r とすると，一般項は，

$$a_n=ar^{n-1} \quad \cdots(*)$$

$a_3=18$ より，$ar^2=18 \quad \cdots$①

$a_6=-486$ より，$ar^5=-486 \quad \cdots$②

②÷① から，$\dfrac{ar^5}{ar^2}=\dfrac{-486}{18} \quad r^3=-27$

r は実数であるから，$r=-3$

① へ代入して，$9a=18 \quad a=2$

よって，**初項 2，公比 -3**

← $(*)$ の n に 3 と 6 を代入して a と r の連立方程式をつくる

← ① より $a=\dfrac{18}{r^2}$　② へ代入して，$\dfrac{18}{r^2}\cdot r^5=-486$ より，$r^3=-27$ としてもよい

← ゆえに，一般項は $a_n=2\cdot(-3)^{n-1}$

練習 7

公比を r とすると，一般項 a_n は，$a_n=4\cdot r^{n-1}$

$a_5=36$ より，$4\cdot r^4=36 \quad r^4=9$

r は実数より，$r^2=3$

よって，$r=\pm\sqrt{3}$

ゆえに，**4，$4\sqrt{3}$，12，$12\sqrt{3}$，36**

または，**4，$-4\sqrt{3}$，12，$-12\sqrt{3}$，36**

← $a_n=ar^{n-1}$ で初項 $a=4$

← 末項は第 5 項が 36

← $r^4-9=(r^2+3)(r^2-3)=0$　r は実数だから $r^2+3\neq 0$

← $-\sqrt{3}$ を落とさないように

練習 8 ▶

(1) (i) 初項を a とすると，一般項は，$a_n = a \cdot 2^{n-1}$ ···(*)　　← $a_n = a \cdot r^{n-1}$ で公比 $r = 2$

$a_8 = 2048$ より，$a \cdot 2^7 = 2048$　$a = 16$ ···①　　よって，**初項 16**

(ii) (*)に①を代入して，$a_n = 16 \cdot 2^{n-1} = 2^4 \cdot 2^{n-1} = \mathbf{2^{n+3}}$　　← $a^m \times a^n = a^{m+n}$　（指数法則）

(2) (i) 公比を r とすると，一般項は，$a_n = 4 \cdot r^{n-1}$ ···(**)　　← $a_n = a \cdot r^{n-1}$ で $a = 4$

$a_4 = -108$ より，$4 \cdot r^3 = -108$　$r^3 = -27$

r は実数であるから，$r = -3$ ···②　　よって，**公比 −3**

(ii) (**)に②を代入して，$a_n = \mathbf{4 \cdot (-3)^{n-1}}$

練習 9 ▶

(1) 初項 a，公比 r とすると，一般項は，$a_n = ar^{n-1}$ ···(*)

$a_2 = 6$ より，$ar = 6$ ···①　　$a_4 = 24$ より，$ar^3 = 24$ ···②

②÷①から，$\dfrac{ar^3}{ar} = \dfrac{24}{6}$　$r^2 = 4$　$r = \pm 2$　　← $r = -2$ を忘れずに

①より，$a = \dfrac{6}{r}$ ②へ代入して　$\dfrac{6}{r} \cdot r^3 = 24$　$r^2 = 4$ としてもよい

①より，$r = 2$ のとき，$a = 3$

$r = -2$ のとき，$a = -3$

よって，(*)より

$a_n = \mathbf{3 \cdot 2^{n-1}}$　または　$a_n = \mathbf{-3 \cdot (-2)^{n-1}}$

(2) 初項 a，公比 r とすると，一般項は，$a_n = ar^{n-1}$ ···(**)

$a_3 = 2$ より，$ar^2 = 2$ ···③　　$a_5 = 18$ より，$ar^4 = 18$ ···④

④÷③から，$\dfrac{ar^4}{ar^2} = \dfrac{18}{2}$　$r^2 = 9$　$r = \pm 3$　　← $r = -3$ を忘れずに

③より　$a = \dfrac{2}{r^2}$ ④へ代入して　$\dfrac{2}{r^2} \cdot r^4 = 18$　$r^2 = 9$ としてもよい

③より，$9a = 2$　$a = \dfrac{2}{9}$

よって，(**)より，

$a_n = \mathbf{\dfrac{2}{9} \cdot 3^{n-1}}$　または　$a_n = \mathbf{\dfrac{2}{9} \cdot (-3)^{n-1}}$

← $\dfrac{2}{9} \cdot 3^{n-1} = 2 \cdot 3^{-2} \cdot 3^{n-1} = 2 \cdot 3^{n-3}$ または

$\dfrac{2}{9} \cdot (-3)^{n-1} = 2 \cdot (-3)^{-2} \cdot (-3)^{n-1} = 2 \cdot (-3)^{n-3}$ としてもよい

4 ▶ 等比数列の和

考え方 等比数列の和は，初項と公比と項数を求めて公式を利用する。

問 4

(1) $\dfrac{4\{1 - (-3)^5\}}{1 - (-3)} = \dfrac{4\{1 - (-243)\}}{4} = \mathbf{244}$　　← $S_n = \dfrac{a(1 - r^n)}{1 - r}$

(2) $\dfrac{2\{(\sqrt{3})^4 - 1\}}{\sqrt{3} - 1} = \dfrac{2(9 - 1)}{\sqrt{3} - 1}$　　← $S_n = \dfrac{a(r^n - 1)}{r - 1}$

$\qquad = \dfrac{16(\sqrt{3} + 1)}{(\sqrt{3} - 1)(\sqrt{3} + 1)}$　　← 分母・分子に $(\sqrt{3} + 1)$ を掛けて分母を有理化

$\qquad = \dfrac{16(\sqrt{3} + 1)}{2} = \mathbf{8 + 8\sqrt{3}}$　　← 実際に $2 + 2\sqrt{3} + 6 + 6\sqrt{3} = 8 + 8\sqrt{3}$ と求めてもよい

$\qquad\qquad \times\sqrt{3}\ \times\sqrt{3}\ \times\sqrt{3}$

(3) 初項 3，公比 $\dfrac{-2}{3} = -\dfrac{2}{3}$ であるから，　　← 3, −2, ··· より公比は $\dfrac{-2}{3}$

$S_n = \dfrac{3\left\{1 - \left(-\dfrac{2}{3}\right)^n\right\}}{1 - \left(-\dfrac{2}{3}\right)} = 3\left\{1 - \left(-\dfrac{2}{3}\right)^n\right\} \cdot \dfrac{3}{5}$　　← $S_n = \dfrac{a(1 - r^n)}{1 - r}$

$\qquad = \mathbf{\dfrac{9}{5}\left\{1 - \left(-\dfrac{2}{3}\right)^n\right\}}$　　← $\dfrac{9}{5}\left\{1 + \left(\dfrac{2}{3}\right)^n\right\}$ としないこと

練習 10

(1)　初項 1，公比 2 の等比数列であるから，

　　一般項 a_n は，$a_n = 1 \cdot 2^{n-1} = 2^{n-1}$　　　←$a_n = ar^{n-1}$ で $a = 1$，$r = 2$

　　$a_n = 64$ とすると，$2^{n-1} = 64 = 2^6$　　　←末項 64 が第何項か（＝項数）を調べる

　　よって，$n - 1 = 6$　$n = 7$

　　ゆえに，項数は 7 であるから，求める和は，

$$S = \frac{1 \cdot (2^7 - 1)}{2 - 1} = 128 - 1 = \mathbf{127}$$　　　←$S_n = \frac{a(r^n - 1)}{r - 1}$

(2)　初項 1，公比 $-\dfrac{1}{3}$ の等比数列であるから，

　　一般項 a_n は，$a_n = 1 \cdot \left(-\dfrac{1}{3}\right)^{n-1} = \left(-\dfrac{1}{3}\right)^{n-1}$　　　←$a_n = ar^{n-1}$ で $a = 1$，$r = -\dfrac{1}{3}$

　　$a_n = -\dfrac{1}{243}$ とすると，$\left(-\dfrac{1}{3}\right)^{n-1} = -\dfrac{1}{243} = \left(-\dfrac{1}{3}\right)^5$　　　←末項 $-\dfrac{1}{243}$ が第何項か（＝項数）を調べる

　　よって，$n - 1 = 5$　$n = 6$

　　ゆえに，項数は 6 であるから，求める和は，

$$S = \frac{1 \cdot \left\{1 - \left(-\dfrac{1}{3}\right)^6\right\}}{1 - \left(-\dfrac{1}{3}\right)} = \left(1 - \frac{1}{729}\right) \cdot \frac{3}{4} = \mathbf{\frac{182}{243}}$$　　　←$S_n = \dfrac{a(1 - r^n)}{1 - r}$

練習 11

(1)　初項を a とすると，$\dfrac{a(2^6 - 1)}{2 - 1} = 189$　$a = 3$　　よって，**初項 3**　　←初項から第 6 項までの和が 189，$S_n = \dfrac{a(r^n - 1)}{r - 1}$

(2)　公比を r とすると，一般項 a_n は，$a_n = -2 \cdot r^{n-1}$　　　←$a_n = ar^{n-1}$

　　$a_4 = 54$ より，$-2r^3 = 54$　$r^3 = -27$

　　r は実数であるから，$r = -3$

　　よって，求める和は，$\dfrac{-2 \cdot \{(-3)^4 - 1\}}{-3 - 1} = \dfrac{-2 \cdot (81 - 1)}{-4} = \mathbf{40}$　　　←$S_n = \dfrac{a(r^n - 1)}{r - 1}$

練習 12

初項を a，公比を r とする。

初項から第 3 項までの和が 9 であるから，

　　$a + ar + ar^2 = 9 \cdots$①

また，第 2 項から第 4 項までの和が -18 であるから，

　　$ar + ar^2 + ar^3 = -18$

より，

　　$(a + ar + ar^2)r = -18 \cdots$②

②に①を代入すると，$9r = -18$

したがって，$r = -2$

①に代入すると，$a + (-2)a + (-2)^2a = 9$　　$3a = 9$

よって，$a = 3$

ゆえに，**初項 3，公比 -2**

別解　初項を a，公比を r とする。

初項から第 3 項までの和が 9，第 2 項から第 4 項まで

の和が -18 であるから $r \neq 1$ であり，

$$\frac{a(r^3-1)}{r-1}=9 \quad \cdots ③$$

$$\frac{ar(r^3-1)}{r-1}=-18 \quad \cdots ④$$

← 初項 ar，公比 r，項数 3 の等比数列の和

$$← \frac{ar(r^3-1)}{r-1}=\frac{a(r^3-1)}{r-1}\cdot r$$

③を④に代入すると，$9r=-18$

よって，$r=-2$

これを③に代入すると，$a\cdot\dfrac{(-2)^3-1}{-2-1}=9$

よって，$a=3$

ゆえに，初項 3，公比 -2

 等差中項，等比中項

3 つの数が　等差数列 → 中項の 2 倍＝両端の和
　　　　　　　　　 等比数列 → 中項の 2 乗＝両端の積　を活用しよう。

問 5

(1)　$2x=3+12$ より，$2x=15$　$x=\dfrac{15}{2}$

← 中項の 2 倍＝両端の和

(2)　$x^2=3\times12$ より，$x^2=36$　$x=\pm6$

← 中項の 2 乗＝両端の積

別解

(1)　公差を d とすると，$d=x-3=12-x$

　　よって，$2x=15$，$x=\dfrac{15}{2}$

(2)　公比を r とすると，$r=\dfrac{x}{3}=\dfrac{12}{x}$

　　よって，$x^2=36$　$x=\pm6$

練習 13

4，a，b が等差数列をなすから，$2a=4+b$　$\cdots①$

← 中項の 2 倍＝両端の和

a，b，18 が等比数列をなすから，$b^2=18a$　$\cdots②$

← 中項の 2 乗＝両端の積

①より，　$a=\dfrac{4+b}{2}$　　　　　　　$\cdots③$

②へ代入して，$b^2=18\cdot\dfrac{4+b}{2}$　　$b^2-9b-36=0$

　$(b+3)(b-12)=0$　　$b=-3$，12

③より，$b=-3$ のとき，$a=\dfrac{1}{2}$，$b=12$ のとき，$a=8$

よって，$(a,\ b)=\left(\dfrac{1}{2},\ -3\right),\ (8,\ 12)$

$← a=\dfrac{1}{2}$，$b=-3$ のとき，

$a=8$，$b=12$ のとき，

 和の記号 Σ（1）

Σa_k の a_k は数列の一般項（n の式を k の式にする）

問 6

(1)　(i)　$\displaystyle\sum_{k=1}^{3}(2k-3)=(2\cdot1-3)+(2\cdot2-3)+(2\cdot3-3)$

← k に 1，2，3 を代入して，たす

$$= -1+1+3 = 3$$

(ii)　$\displaystyle\sum_{k=1}^{4} 3^k = 3^1 + 3^2 + 3^3 + 3^4 = 3+9+27+81 = \mathbf{120}$　　←kに1, 2, 3, 4を代入して，たす

(2)　数列の一般項は，n^2 より，$\displaystyle\sum_{k=1}^{\boxed{8}} \boldsymbol{k^2}$　　←初項は$k=\boxed{1}$，末項は$k=\boxed{8}$

 練習 14

(1)　数列の一般項は $(2n-1)^2$ である。$15^2 = (2 \times 8 - 1)^2$ より初項
から第 8 項までの和であるから，$\displaystyle\sum_{k=1}^{8} \boldsymbol{(2k-1)^2}$

←1, 3, 5, …は初項 1, 公差 2 の等差数列より
$1+(n-1) \cdot 2 = 2n-1$　その 2 乗が一般項
$2n-1 = 15$ とすると $n=8$

(2)　数列の一般項は $n \cdot 2^n$ である。$6 \cdot 64 = 6 \cdot 2^6$ より初項から第 6 項
までの和であるから，$\displaystyle\sum_{k=1}^{6} \boldsymbol{k \cdot 2^k}$

←数列の左の数は 1, 2, 3, …より一般項は n
右の数は 2, 4, 8, …より一般項は 2^n

7　和の記号 Σ (2)

考え方　Σc，Σk，Σk^2 の計算は因数分解を意識しよう。
Σa^k は Σ を用いないで和で表して，等比数列の和の公式を利用しよう。

問 7

(1)　$\displaystyle\sum_{k=1}^{n} (6k-5) = 6\sum_{k=1}^{n} k - \sum_{k=1}^{n} 5$

←$\displaystyle\sum_{k=1}^{n}(a_k+b_k) = \sum_{k=1}^{n}a_k + \sum_{k=1}^{n}b_k,\ \sum_{k=1}^{n}ca_k = c\sum_{k=1}^{n}a_k$

$\displaystyle = \overset{3}{6} \cdot \frac{1}{2} n(n+1) - 5n$

←$\displaystyle\sum_{k=1}^{n} k = \frac{1}{2}n(n+1),\ \sum_{k=1}^{n} c = nc$

$= n\{3(n+1) - 5\}$

←共通因数 n でくくる

$= \boldsymbol{n(3n-2)}$

(2)　$\displaystyle\sum_{k=1}^{n} (3k^2 - k) = 3\sum_{k=1}^{n} k^2 - \sum_{k=1}^{n} k$

←$\displaystyle\sum_{k=1}^{n}(a_k+b_k) = \sum_{k=1}^{n}a_k + \sum_{k=1}^{n}b_k,\ \sum_{k=1}^{n}ca_k = c\sum_{k=1}^{n}a_k$

$\displaystyle = \overset{}{3} \cdot \frac{1}{6} n(n+1)(2n+1) - \frac{1}{2}n(n+1)$

←$\displaystyle\sum_{k=1}^{n} k^2 = \frac{1}{6}n(n+1)(2n+1),\ \sum_{k=1}^{n} k = \frac{1}{2}n(n+1)$

$\displaystyle = \frac{1}{2}n(n+1)(2n+1-1)$

←共通因数 $\dfrac{1}{2}n(n+1)$ でくくる

$= \boldsymbol{n^2(n+1)}$

(3)　$\displaystyle\sum_{k=1}^{n} 3^k = 3+9+\cdots+3^n$

←Σ を用いないで和で表すと，初項 3, 公比 3, 項数 n の等比数列の和であることがわかる

$\displaystyle = \frac{3(3^n-1)}{3-1} = \frac{3}{2}(3^n - 1)$

←$\displaystyle S_n = \frac{a(r^n-1)}{r-1}$

練習 15

(1)　$\displaystyle\sum_{k=1}^{n} (k^2 - k - 2) = \sum_{k=1}^{n} k^2 - \sum_{k=1}^{n} k - \sum_{k=1}^{n} 2$

←$\displaystyle\sum_{k=1}^{n}(a_k+b_k+c_k) = \sum_{k=1}^{n}a_k + \sum_{k=1}^{n}b_k + \sum_{k=1}^{n}c_k$

$\displaystyle = \frac{1}{6} n(n+1)(2n+1) - \frac{1}{2} n(n+1) - 2n$

$\displaystyle = \frac{1}{6}n\{(n+1)(2n+1) - 3(n+1) - 12\}$

←共通因数 n と通分した $\dfrac{1}{6}$ でくくる
$\dfrac{1}{2} = \dfrac{3}{6},\ 2 = \dfrac{12}{6}$ である

$\displaystyle = \frac{1}{6}n(2n^2 + 3n + 1 - 3n - 3 - 12)$

$\displaystyle = \frac{1}{6}n(2n^2 - 14)$

$\displaystyle = \frac{1}{3}n(n^2 - 7)$

(2)　$\displaystyle\sum_{k=1}^{n}k(k+1)=\sum_{k=1}^{n}(k^2+k)=\sum_{k=1}^{n}k^2+\sum_{k=1}^{n}k$

$\displaystyle=\frac{1}{6}n(n+1)(2n+1)+\frac{1}{2}n(n+1)$

$\displaystyle=\frac{1}{6}n(n+1)(2n+1+3)$

$\displaystyle=\frac{1}{6}n(n+1)(2n+4)$

$\displaystyle=\frac{1}{3}\boldsymbol{n(n+1)(n+2)}$

←$\displaystyle\sum_{k=1}^{n}k(k+1)=\sum_{k=1}^{n}k\sum_{k=1}^{n}(k+1)$ としないこと
　$k(k+1)$を展開する

←共通因数 $n(n+1)$ と通分した $\dfrac{1}{6}$ でくくる

(3)　$\displaystyle\sum_{k=1}^{n}(3k-1)^2=\sum_{k=1}^{n}(9k^2-6k+1)$

$\displaystyle=9\sum_{k=1}^{n}k^2-6\sum_{k=1}^{n}k+\sum_{k=1}^{n}1$

$\displaystyle=\overset{3}{\cancel{9}}\cdot\frac{1}{\underset{2}{\cancel{6}}}n(n+1)(2n+1)-6\cdot\frac{1}{2}n(n+1)+n$

$\displaystyle=\frac{1}{2}n\{3(n+1)(2n+1)-6(n+1)+2\}$

$\displaystyle=\frac{1}{2}n(6n^2+9n+3-6n-6+2)$

$\displaystyle=\frac{1}{2}\boldsymbol{n(6n^2+3n-1)}$

←$\displaystyle\sum_{k=1}^{n}(3k-1)^2=\left\{\sum_{k=1}^{n}(3k-1)\right\}^2$ としないこと。$(3k-1)^2$ を展開する

←共通因数 n と通分した $\dfrac{1}{2}$ でくくる

(4)　$\displaystyle\sum_{k=1}^{n}\frac{2}{3^k}=\frac{2}{3}+\frac{2}{9}+\cdots+\frac{2}{3^n}$

$\displaystyle=\frac{\dfrac{2}{3}\left\{1-\left(\dfrac{1}{3}\right)^n\right\}}{1-\dfrac{1}{3}}=\boldsymbol{1-\left(\dfrac{1}{3}\right)^n}$

←$\sum$ を用いないで和の形で表すと，初項 $\dfrac{2}{3}$，公比 $\dfrac{1}{3}$，項数 n の等比数列の和であることがわかる

←$S_n=\dfrac{a(1-r^n)}{1-r}$

(5)　$\displaystyle\sum_{k=1}^{n-1}(k+2)=\sum_{k=1}^{n-1}k+\sum_{k=1}^{n-1}2$

$\displaystyle=\underset{\sim\sim\sim\sim\sim\sim\sim\sim\sim\sim}{\frac{1}{2}(n-1)\{(n-1)+1\}}+\underline{2(n-1)}$

$\displaystyle=\frac{1}{2}\boldsymbol{(n-1)(n+4)}$

←$\displaystyle\sum_{k=1}^{n-1}k$ は $\displaystyle\sum_{k=1}^{n}k=\frac{1}{2}n(n+1)$ の n に $n-1$ を代入した式になる
　$\displaystyle\sum_{k=1}^{n-1}2$ は $\displaystyle\sum_{k=1}^{n}2=2n$ の n に $n-1$ を代入した式になる
　2 を $(n-1)$ 個たしたものと考えてもよい

(6)　$\displaystyle\sum_{k=1}^{n-1}2^k=2+4+\cdots+2^{n-1}$

$\displaystyle=\frac{2(2^{n-1}-1)}{2-1}=2(2^{n-1}-1)$

$=\boldsymbol{2^n-2}$

←$\sum$ を用いないで和の形で表すと，初項 2，公比 2，項数 $\underset{\sim\sim\sim}{n-1}$ の等比数列の和であることがわかる

8　階差数列，数列の和と一般項

考え方　階差数列を利用して一般項を求めたり，和の式から一般項を導いたりする場合には $n\geqq2$ のときと $n=1$ のときに分ける。

問 8

(1)　(i)　数列 $\{a_n\}$：1, 3, 7, 13, 21, … の階差数列
　　　$\{b_n\}$ は　　2, 4, 6, 8, … となり，初項 2，
　　　公差 2 の等差数列であるから，

$$b_n=2+(n-1)\cdot2=\boldsymbol{2n}$$

(ii)　$n \geqq 2$ のとき，

$$a_n = 1 + \sum_{k=1}^{n-1} 2k = 1 + 2\sum_{k=1}^{n-1} k = 1 + 2 \cdot \frac{1}{2}(n-1)n$$

←$a_n = a_1 + \sum_{k=1}^{n-1} b_k$

$\sum_{k=1}^{n} k$ の式の n に $n-1$ を代入する

$$= n^2 - n + 1$$

$n=1$ とすると，$1-1+1=1$ となり a_1 と一致する。

←$n=1$ のときも成り立つことがわかった

よって，$a_n = \boldsymbol{n^2 - n + 1}$

(2)　$a_1 = S_1 = 1^2 - 2 \cdot 1 = -1$

←S_n で表される数列は，まず a_1 を求める

$n \geqq 2$ のとき，$a_n = S_n - S_{n-1}$

$$= (n^2 - 2n) - \{(n-1)^2 - 2(n-1)\}$$

←S_n の式の n に $n-1$ を代入する

$$= 2n - 3$$

$n=1$ とすると，$2 \cdot 1 - 3 = -1$ となり a_1 と一致する。

←$n=1$ のときも成り立つことがわかった

よって，$a_n = \boldsymbol{2n - 3}$

練習 16

(1)　数列 $\{a_n\}$：3, 4, 8, 15, 25, … の階差数列

←等差数列，等比数列でない数列は階差数列を調べよう

$\{b_n\}$ は　　　1, 4, 7, 10, … となり，初項 1，

公差 3 の等差数列であるから，$b_n = 1 + (n-1) \cdot 3 = 3n - 2$

$n \geqq 2$ のとき，$a_n = 3 + \sum_{k=1}^{n-1}(3k - 2)$

←$a_n = a_1 + \sum_{k=1}^{n-1} b_k$ は $n \geqq 2$ のときに成り立つ式

$$= 3 + 3\sum_{k=1}^{n-1} k - \sum_{k=1}^{n-1} 2$$

$$= 3 + 3 \cdot \frac{1}{2}(n-1)n - 2(n-1)$$

←$\sum_{k=1}^{n} k$ の式の n に $n-1$ を代入する

$$= \frac{1}{2}(3n^2 - 7n + 10)$$

←$n \geqq 2$ のときに成り立つ式
$n=2$, 3 を代入して確かめをしてみよう

$n=1$ を代入すると，$\frac{1}{2}(3 - 7 + 10) = 3$ となり a_1 と一致する。

←$n=1$ のときも成り立つことがわかった

よって，$a_n = \boldsymbol{\dfrac{1}{2}(3n^2 - 7n + 10)}$

←$n \geqq 1$ で成り立つ

(2)　数列 $\{a_n\}$：2, 3, 5, 9, 17, … の階差数列

←等差数列，等比数列でない数列は階差数列を調べよう

$\{b_n\}$ は　　　1, 2, 4, 8, … となり，初項 1，公比 2 の等

比数列であるから，$b_n = 1 \cdot 2^{n-1} = 2^{n-1}$

$n \geqq 2$ のとき，$a_n = 2 + \sum_{k=1}^{n-1} 2^{k-1}$

←$\sum_{k=1}^{n-1} 2^{k-1} = \underbrace{1 + 2 + 4 + \cdots + 2^{n-2}}_{\text{項数 } n-1}$

$$= 2 + \frac{1 \cdot (2^{n-1} - 1)}{2 - 1} = 2^{n-1} + 1$$

←$S_{n-1} = \dfrac{a(r^{n-1} - 1)}{r - 1}$

$n=1$ を代入すると，$2^0 + 1 = 2$ となり a_1 と一致する。

←$a^0 = 1$

よって，$a_n = \boldsymbol{2^{n-1} + 1}$

(3)　数列 $\{a_n\}$：4, 3, 1, -2, -6, … の階差数列

$\{b_n\}$ は　　　$-1, -2, -3, -4,$ … となり，$b_n = -n$

←階差数列の一般項を求める
初項 -1，公差 -1 より，$b_n = -1 + (n-1) \cdot (-1)$ としてもよい

$n \geqq 2$ のとき，$a_n = 4 + \sum_{k=1}^{n-1}(-k) = 4 - \sum_{k=1}^{n-1} k$

$$= 4 - \frac{1}{2}(n-1)n = \frac{1}{2}(-n^2 + n + 8)$$

$n=1$ を代入すると，$\frac{1}{2}(-1 + 1 + 8) = 4$ となり a_1 と一致する。

よって，$a_n = \dfrac{1}{2}(-n^2+n+8)$

(4)　数列 $\{a_n\}$：$1,\ 2,\ -1,\ 8,\ -19,\ \cdots$ の階差数列

$\{b_n\}$ は　　　　$1,\ -3,\ 9,\ -27,\ \cdots$ となり，初項 1，
公比 -3 の等比数列であるから，$b_n = 1\cdot(-3)^{n-1} = (-3)^{n-1}$

$n \geqq 2$ のとき，$a_n = 1 + \displaystyle\sum_{k=1}^{n-1}(-3)^{k-1}$

$\qquad\qquad\quad = 1 + \dfrac{1\cdot\{1-(-3)^{n-1}\}}{1-(-3)}$

$\qquad\qquad\quad = 1 + \dfrac{1}{4}\{1-(-3)^{n-1}\} = \dfrac{1}{4}\{5-(-3)^{n-1}\}$

$n=1$ を代入すると，$\dfrac{1}{4}(5-1) = 1$ となり a_1 と一致する。

よって，$a_n = \dfrac{1}{4}\{5-(-3)^{n-1}\}$

← 階差数列の一般項を求める

← $\displaystyle\sum_{k=1}^{n-1}(-3)^{k-1} = \underbrace{1-3+9-\cdots+(-3)^{n-2}}_{\text{項数}\ n-1}$

← $S_{n-1} = \dfrac{a(1-r^{n-1})}{1-r}$

練習 17

(1)　$a_1 = S_1 = 2-3 = -1$

$n \geqq 2$ のとき，$a_n = S_n - S_{n-1}$

$\quad = (2n^2-3n) - \{2(n-1)^2-3(n-1)\}$

$\quad = (2n^2-3n) - (2n^2-7n+5) = 4n-5$

$n=1$ を代入すると，$4-5 = -1$ となり a_1 と一致する。

よって，$a_n = 4n-5$

(2)　$a_1 = S_1 = 3^1-1 = 2$

$n \geqq 2$ のとき，$a_n = S_n - S_{n-1} = (3^n-1) - (3^{n-1}-1)$

$\quad = 3^n-3^{n-1} = 3^{n-1}(3-1) = 2\cdot3^{n-1}$

$n=1$ を代入すると，2 となり a_1 と一致する。

よって，$a_n = 2\cdot3^{n-1}$

(3)　$a_1 = S_1 = 1^2+1 = 2$

$n \geqq 2$ のとき，$a_n = S_n - S_{n-1}$

$\quad = (n^2+1) - \{(n-1)^2+1\} = 2n-1$

$n=1$ を代入すると，$2-1 = 1$ となり a_1 と一致しない。

よって，$a_1 = 2,\ n \geqq 2$ のとき，$a_n = 2n-1$

(4)　$a_1 = S_1 = 2+1 = 3$

$n \geqq 2$ のとき，$a_n = S_n - S_{n-1} = (2^n+1) - (2^{n-1}+1)$

$\quad = 2^n-2^{n-1} = 2^{n-1}(2-1) = 2^{n-1}$

$n=1$ を代入すると，$2^0 = 1$ となり a_1 と一致しない。

よって，$a_1 = 3,\ n \geqq 2$ のとき，$a_n = 2^{n-1}$

← S_n で表される式は，まず a_1 を求める

← S_n の式の n に $n-1$ を代入する

← $n \geqq 2$ のとき，成り立つ式　…①

← $n=1$ のときも成り立つことがわかった　…②

← ①，②より，すべての自然数 n で成り立つ

← まず，a_1 を求める

← $3^n = 3^{n-1}\cdot3$ であるから 3^{n-1} でくくる

← まず，a_1 を求める

← $n \geqq 2$ のとき，成り立つ式

← $n=1$ のときには成り立たないことがわかった

← $n=1$ のときと $n \geqq 2$ のときに分けてかく

← まず，a_1 を求める

← $2^n = 2^{n-1}\cdot2$ であるから 2^{n-1} でくくる

9　いろいろな数列の和(1)

考え方 $\displaystyle\sum_{k=1}^{n}\dfrac{1}{(k\ \text{の整式})}$ の値を求めるには，$\dfrac{1}{k+a} - \dfrac{1}{k+b} = \dfrac{b-a}{(k+a)(k+b)}$ などを用いて変形する。

問 9

$S = \left(\dfrac{1}{1} - \dfrac{1}{2}\right) + \left(\dfrac{1}{2} - \dfrac{1}{3}\right) + \left(\dfrac{1}{3} - \dfrac{1}{4}\right) + \cdots\cdots + \left(\dfrac{1}{n} - \dfrac{1}{n+1}\right)$

← 隣り合うものが消しあう

$$= \frac{1}{1} - \frac{1}{n+1} = \frac{n+1-1}{n+1} = \frac{n}{n+1}$$

← $n=1$ のとき，$S = \frac{1}{2}$

答えが正しいか検算しよう

練習 18

(1) $\dfrac{1}{k^2+5k+6} = \dfrac{1}{(k+2)(k+3)}$

$$\frac{1}{k+a} - \frac{1}{k+b} = \frac{b-a}{(k+a)(k+b)}$$

であるから，$a=2$, $b=3$ のとき，

$$\frac{1}{k^2+5k+6} = \frac{1}{k+2} - \frac{1}{k+3}$$

が成立する。

← 2つの式の右辺を比べると，
$b-a=1$, $a=2$, $b=3$ または
$b-a=1$, $a=3$, $b=2$ であることがわかる

(2) (1)の結果を用いると，

$$\sum_{k=1}^{n} \frac{1}{k^2+5k+6} = \sum_{k=1}^{n} \left(\frac{1}{k+2} - \frac{1}{k+3} \right)$$

$$= \left(\frac{1}{3} - \frac{1}{4} \right) + \left(\frac{1}{4} - \frac{1}{5} \right) + \left(\frac{1}{5} - \frac{1}{6} \right) + \cdots + \left(\frac{1}{n+2} - \frac{1}{n+3} \right)$$

$$= \frac{1}{3} - \frac{1}{n+3} = \frac{n+3-3}{3(n+3)} = \frac{n}{3(n+3)}$$

← $k=1$, 2, 3, $\cdots$, n を代入して加える
← 隣り合うものが消しあう

← $n=1$ のとき，$S = \frac{1}{12}$

10 いろいろな数列の和(2)

考え方 $S = \sum_{k=1}^{n} k \cdot r^{k-1}$ $(r \neq 1)$ の値を求めるには，

$$S - rS = 1 \cdot 1 + 2 \cdot r + 3 \cdot r^2 + \cdots + n \cdot r^{n-1}$$
$$\quad - \{ 1 \cdot r + 2 \cdot r^2 + \cdots + (n-1) \cdot r^{n-1} + n \cdot r^n \}$$
$$= \ 1 + r + r^2 + \cdots + r^{n-1} - n \cdot r^n$$
$$= \frac{r^n - 1}{r - 1} - n \cdot r^n$$

を用いる。

問 10

$$S - 3S = (1 \cdot 1 + 2 \cdot 3 + 3 \cdot 3^2 + \cdots + 8 \cdot 3^7)$$
$$\quad - (1 \cdot 3 + 2 \cdot 3^2 + \cdots + 7 \cdot 3^7 + 8 \cdot 3^8)$$
$$= \ 1 + 3 + 3^2 + \cdots + 3^7 - 8 \cdot 3^8$$
$$= \frac{1 \cdot (3^8 - 1)}{3 - 1} - 8 \cdot 3^8$$
$$= \frac{6561 - 1}{2} - 8 \cdot 6561 = -49208$$

（この問では例と異なり，最初の1から）
← 初項1，公比3，項数8の等比数列の和

よって，$(1-3)S = -49208$ から

$$S = 24604$$

参考

例 10 と同様，$S - 3S$ を次のように分けて求めてもよい。

$$1 + 3 + 3^2 + \cdots + 3^7 - 8 \cdot 3^8$$
$$= 1 + (3 + 3^2 + \cdots + 3^7) - 8 \cdot 3^8$$
$$= 1 + \frac{3 \cdot (3^7 - 1)}{3 - 1} - 8 \cdot 3^8$$
$$= 1 + \frac{3^8 - 3}{2} - 8 \cdot 3^8$$

← 初項3，公比3，項数7の等比数列の和

$$= \frac{6561-1}{2} - 8 \cdot 6561$$

$$= -49208$$

練習19

(1) $S = \sum\limits_{k=1}^{n} k \cdot 2^{k-1}$ とおくと,

$S - 2S = 1 \cdot 1 + 2 \cdot 2 + 3 \cdot 2^2 + \cdots\cdots + n \cdot 2^{n-1}$

　　　　　$- \{1 \cdot 2 + 2 \cdot 2^2 + \cdots + (n-1) \cdot 2^{n-1} + n \cdot 2^n\}$

　　　$= \underset{\sim\sim\sim\sim\sim\sim\sim\sim\sim\sim\sim\sim\sim\sim\sim}{1 + 2 + 2^2 + \cdots\cdots + 2^{n-1}} - n \cdot 2^n$　　　　　← 初項 1, 公比 2, 項数 n の等比数列の和

　　　$= \dfrac{2^n - 1}{2 - 1} - n \cdot 2^n$

　　　$= (-n+1) \cdot 2^n - 1$

よって, $(1-2)S = (-n+1) \cdot 2^n - 1$ から

$S = \sum\limits_{k=1}^{n} k \cdot 2^{k-1} = \boldsymbol{(n-1) \cdot 2^n + 1}$

(2) $T = \sum\limits_{k=1}^{n} (2k+1) \cdot 2^k$ とおくと,

$T - 2T = 3 \cdot 2 + 5 \cdot 2^2 + 7 \cdot 2^3 + \cdots\cdots + (2n+1) \cdot 2^n$

　　　　　$- \{3 \cdot 2^2 + 5 \cdot 2^3 + \cdots\cdots + (2n-1) \cdot 2^n + (2n+1) \cdot 2^{n+1}\}$

　　　$= 3 \cdot 2 + \underset{\sim\sim\sim\sim\sim\sim\sim\sim\sim\sim\sim\sim\sim\sim\sim\sim\sim\sim}{2 \cdot 2^2 + 2 \cdot 2^3 + \cdots\cdots\cdots\cdots + 2 \cdot 2^n} - (2n+1) \cdot 2^{n+1}$　　← 初項 8, 公比 2, 項数 $n-1$ の等比数列の和

　　　$= 3 \cdot 2 + \dfrac{2^3 \cdot (2^{n-1}-1)}{2-1} - (2n+1) \cdot 2^{n+1}$　　← $2^3 \cdot (2^{n-1}-1) = 2^{n+2} - 2^3$

　　　　　　　　　　　　　　　　　　　　　　　　　　　　　　　　　　　　$= 2 \cdot 2^{n+1} - 8$

　　　$= (-2n+1) \cdot 2^{n+1} - 2$

よって, $(1-2)T = (-2n+1) \cdot 2^{n+1} - 2$ から

$T = \sum\limits_{k=1}^{n} (2k+1) \cdot 2^k = \boldsymbol{(2n-1) \cdot 2^{n+1} + 2}$

別解

$\sum\limits_{k=1}^{n} (2k+1) \cdot 2^k = \sum\limits_{k=1}^{n} (4k \cdot 2^{k-1} + 2^k)$

　　　　　　　　　$= 4 \sum\limits_{k=1}^{n} k \cdot 2^{k-1} + \sum\limits_{k=1}^{n} 2^k$

であるから, (1)の結果と,

$\sum\limits_{k=1}^{n} 2^k = 2 + 2^2 + 2^3 + \cdots\cdots + 2^n$　　　　　　　　　　　← 初項 2, 公比 2, 項数 n の等比数列の和

　　　　$= \dfrac{2(2^n-1)}{2-1} = 2 \cdot 2^n - 2$

を用いると,

$\sum\limits_{k=1}^{n} (2k+1) \cdot 2^k = 4\{(n-1) \cdot 2^n + 1\} + (2 \cdot 2^n - 2)$

　　　　　　　　　$= (2n-1) \cdot 2^{n+1} + 2$

11 群数列

考え方　数列の一般項に加えて, 第 n 群に含まれる項の個数, および第 1 群から第 n 群までの項の個数を考える必要がある。

　　　第 n 群の最初の項を求めるには, 第 $(n-1)$ 群の最後の項の次であること, つまり,

　　　　第 n 群の最初の項＝｛(第 1 群から第 $(n-1)$ 群までの項の個数)＋1｝番目の項

　　　であることを用いるとよい。

問11

(1) $n \geq 2$ のとき，第 $(n-1)$ 群までの項の個数は

$$\sum_{k=1}^{n-1} k = \frac{1}{2}(n-1)n = \frac{1}{2}n^2 - \frac{1}{2}n$$

← $\sum_{k=1}^{n} k = \frac{1}{2}n(n+1)$ の n を $n-1$ にする

(2) (1)の結果から，$n \geq 2$ のとき，第 n 群の最初の

項は数列の第 $\left(\frac{1}{2}n^2 - \frac{1}{2}n + 1\right)$ 項である。

また，これは $n=1$ のときにも成り立つ。

正の偶数の数列の第 k 項は $2k$ であるから，第 n 群の

最初の項は

$$2\left(\frac{1}{2}n^2 - \frac{1}{2}n + 1\right) = n^2 - n + 2$$

← 初項 2，公差 2 の等差数列であるから，一般項は　$2+(n-1)\cdot2=2n$

(3) (2)の結果から，第 n 群に入る項は，初項

$n^2 - n + 2$，公差 2，項数 n の等差数列である。

よって，その和は

$$\frac{1}{2} \cdot n\{2(n^2 - n + 2) + (n-1)\cdot2\} = n^3 + n$$

← **2** 等差数列の和②

練習20

(1) $n \geq 2$ のとき，第 $(n-1)$ 群までの項の個数は

$$\sum_{k=1}^{n-1} 2^{k-1} = 2^0 + 2^1 + 2^2 + \cdots\cdots + 2^{n-2}$$

← 初項 1，公比 2，項数 $n-1$ の等比数列の和

$$= \frac{1 \cdot (2^{n-1} - 1)}{2 - 1} = 2^{n-1} - 1$$

← **4** 等比数列の和

したがって，$n \geq 2$ のとき，第 n 群の最初の項は

数列の第 2^{n-1} 項で，その値も 2^{n-1} である。

また，これは $n=1$ のときにも成り立つ。

よって，第 n 群に入る項の和は

$$\frac{1}{2} \cdot 2^{n-1}\{2 \cdot 2^{n-1} + (2^{n-1} - 1) \cdot 1\}$$

$$= 2^{2n-2} + 2^{2n-3} - 2^{n-2}$$

← 初項 2^{n-1}，公差 1，項数 2^{n-1} の等差数列の和

← $= 2 \cdot 2^{2n-3} + 2^{2n-3} - 2^{n-2} = 3 \cdot 2^{2n-3} - 2^{n-2}$ または $= 3 \cdot 2^{n-1} \cdot 2^{n-2} - 2^{n-2} = (3 \cdot 2^{n-1} - 1) \cdot 2^{n-2}$ としてもよい

(2) 777 が第 k 群に含まれる条件は

$$2^{k-1} \leq 777 < 2^k \cdots ①$$

$2^9 = 512$，$2^{10} = 1024$ から，①を満たす整数 k は $k = 10$

したがって，777 は第 10 群に含まれる。

第 10 群の最初の項は $2^{10-1} = 2^9 = 512$ であるから，

$777 - 512 + 1 = 266$ より，777 は**第 10 群の第 266 項**である。

← 第 k 群の最初の項 2^{k-1} 以上で，第 $(k+1)$ 群の最初の項 $2^{(k+1)-1} = 2^k$ より小さい

練習21

(1) 次のように群に分ける。

$$\frac{1}{1}, \left| \frac{1}{2}, \frac{2}{2}, \right| \frac{1}{4}, \frac{2}{4}, \frac{3}{4}, \frac{4}{4}, \left| \frac{1}{8}, \cdots \right.$$

第1群　第2群　　第3群

分母が 2^{n-1} である分数の項を第 n 群とすると，第 n 群

には 2^{n-1} 個の項が含まれる。

$128 = 2^7 = 2^{8-1}$ より，$\dfrac{63}{128}$ は第 8 群の第 63 項である。

第 7 群までの項の個数は

$$2^0+2^1+2^2+\cdots\cdots+2^6=\frac{2^0(2^7-1)}{2-1}=128-1=127$$

←**4** 等比数列の和

であるから，$127+63=190$ より，$\dfrac{63}{128}$ は**第190項**である。

(2)　第 n 群の項の和は

$$\frac{1}{2^{n-1}}+\frac{2}{2^{n-1}}+\frac{3}{2^{n-1}}+\cdots\cdots+\frac{2^{n-1}}{2^{n-1}}$$

$$=\frac{1}{2^{n-1}}(1+2+3+\cdots\cdots+2^{n-1})$$

$$=\frac{1}{2^{n-1}}\cdot\frac{1}{2}\cdot2^{n-1}(2^{n-1}+1)=\frac{1}{2}(2^{n-1}+1)$$

← $\displaystyle\sum_{k=1}^{n}k=\frac{1}{2}n(n+1)$ の n を 2^{n-1} にする

であるから，初項から $\dfrac{63}{128}$ までの和は

$$\sum_{k=1}^{7}\frac{1}{2}(2^{k-1}+1)+\frac{1}{128}(1+2+3+\cdots\cdots+63)$$

←第7群までの項の和に第8群の第63項までの和を加える

$$=\frac{1}{2}\{(2^0+2^1+2^2+\cdots\cdots+2^6)+7\}+\frac{1}{128}\cdot\frac{1}{2}\cdot63(63+1)$$

←**4** 等比数列の和

$$=\frac{1}{2}\cdot\left\{\frac{2^0(2^7-1)}{2-1}+7\right\}+\frac{63}{4}=\frac{331}{4}$$

漸化式(1)

考ぇ方 等差型，等比型，階差型のどれになるかを確認しよう。

問12

(1)　$a_2=a_1+4\cdot1=2+4=\mathbf{6}$

←漸化式に $n=1$ を代入する

　　$a_3=a_2+4\cdot2=6+8=\mathbf{14}$

← $n=2$ を代入する

　　$a_4=a_3+4\cdot3=14+12=\mathbf{26}$

← $n=3$ を代入する

(2)　(i)　初項 2，公差 -2 の等差数列により，

← $a_{n+1}-a_n=-2$ より，公差は -2

　　　　$a_n=2+(n-1)\cdot(-2)=\mathbf{-2n+4}$

　　(ii)　初項 2，公比 -3 の等比数列より，

← $a_{n+1}=-3a_n$ より，公比は -3

　　　　$a_n=\mathbf{2\cdot(-3)^{n-1}}$

　　(iii)　$a_{n+1}-a_n=4n$ より，数列 $\{a_n\}$ の階差数列の一般項は $4n$ であるから，

　　　　$n\geqq2$ のとき，$a_n=a_1+\displaystyle\sum_{k=1}^{n-1}4k$

← $\{a_n\}$ の階差数列が $\{b_n\}$ のとき，$a_n=a_1+\displaystyle\sum_{k=1}^{n-1}b_k$ $(n\geqq2)$

　　　　　　　　　$=2+4\cdot\dfrac{1}{2}(n-1)n$

← $\displaystyle\sum_{k=1}^{n-1}k$ は $\displaystyle\sum_{k=1}^{n}k=\frac{1}{2}n(n+1)$ の n に $n-1$ を代入

　　　　　　　　　$=2n^2-2n+2$

　　　　$n=1$ を代入すると，2 となり初項と一致するから，$a_n=\mathbf{2n^2-2n+2}$

← $n=1$ を代入して，初項と一致することを確認

練習 22

　　$a_2=3a_1-4=3\cdot1-4=-1$

←漸化式に $n=1$ を代入する

　　$a_3=3a_2-4=3\cdot(-1)-4=-7$

← $n=2$ を代入する

　　$a_4=3a_3-4=3\cdot(-7)-4=-25$

← $n=3$ を代入する

よって，数列 $\{a_n\}$ の初めの 4 項は，**1，-1，-7，-25**

練習 23

(1) 初項 1，公差 4 の等差数列であるから，$a_n = 1 + (n-1) \cdot 4 = \boldsymbol{4n - 3}$ ← $a_{n+1} - a_n = 4$ より，公差は 4

(2) 初項 -2，公比 $-\dfrac{1}{3}$ の等比数列であるから，$a_n = \boldsymbol{-2 \cdot \left(-\dfrac{1}{3}\right)^{n-1}}$ ← $a_{n+1} = -\dfrac{1}{3}a_n$ より，公比は $-\dfrac{1}{3}$

(3) $a_{n+1} - a_n = n^2$ より，数列 $\{a_n\}$ の階差数列の一般項は n^2 であるから，

$n \geqq 2$ のとき，$a_n = a_1 + \displaystyle\sum_{k=1}^{n-1} k^2$ ← $\{a_n\}$ の階差数列が $\{b_n\}$ のとき，$a_n = a_1 + \displaystyle\sum_{k=1}^{n-1} b_k \ (n \geqq 2)$

$\qquad\qquad\qquad = 2 + \dfrac{1}{6}(n-1)n(2n-1)$ ← $\displaystyle\sum_{k=1}^{n-1} k^2$ は $\displaystyle\sum_{k=1}^{n} k^2 = \dfrac{1}{6}n(n+1)(2n+1)$ の n に $n-1$ を代入

$\qquad\qquad\qquad = \dfrac{1}{6}(2n^3 - 3n^2 + n + 12)$

$n = 1$ を代入すると，2 となり初項と一致するから，   ← $n=1$ を代入して，初項と一致することを確認

$\qquad a_n = \boldsymbol{\dfrac{1}{6}(2n^3 - 3n^2 + n + 12)}$

(4) 数列 $\{a_n\}$ の階差数列の一般項は 2^n であるから，

$n \geqq 2$ のとき，$a_n = a_1 + \displaystyle\sum_{k=1}^{n-1} 2^k$ ← $\displaystyle\sum_{k=1}^{n-1} 2^k = \underbrace{2^1 + 2^2 + 2^3 + \cdots + 2^{n-1}}_{(n-1)項}$ より，初項 2，公比 2 の

$\qquad\qquad\qquad = 1 + \dfrac{2(2^{n-1}-1)}{2-1}$ 等比数列の初項から第 $(n-1)$ 項までの和

← 初項 a，公比 r の等比数列の初項から第 n 項までの和は

$\qquad\qquad\qquad = 1 + 2^n - 2 = 2^n - 1$ $\dfrac{a(r^n-1)}{r-1}$

$n = 1$ を代入すると，1 となり初項と一致するから，$a_n = \boldsymbol{2^n - 1}$

練習 24

(1) $a_n - 2 = b_n$ とおくと，$a_{n+1} - 2 = b_{n+1}$ であるから，漸化式(*)は

$\qquad \boldsymbol{b_{n+1} = 3b_n}$ ← 数列 $\{b_n\}$ は公比 3 の等比数列

また，$a_1 = 4$ より $b_1 = a_1 - 2 = 2$

よって，数列 $\{b_n\}$ は初項 2，公比 3 の等比数列であるから，$b_n = \boldsymbol{2 \cdot 3^{n-1}}$

(2) (1)より，$a_n - 2 = 2 \cdot 3^{n-1}$ よって，$\boldsymbol{a_n = 2 \cdot 3^{n-1} + 2}$ ← $b_n = a_n - 2$

13 漸化式(2)

 考え方 $a_{n+1} = pa_n + q \ (p \neq 1)$ 型の漸化式は等比型に変形しよう。

問 13

$a_{n+1} = 4a_n - 6$

$\quad x = 4x - 6$ とすると，$x = ⓞ2$ ← この 2 を α とする

$a_{n+1} - ⓞ2 = 4a_n - 6 - ⓞ2 = 4(a_n - ⓞ2)$ ← 漸化式の両辺から α を引くと，$a_{n+1} - \alpha = \cdots = p(a_n - \alpha)$ と変形できる

ここで，$a_n - 2 = b_n$ とすると，$b_{n+1} = 4b_n$ となり，   ← $a_n - 2 = b_n$ とすると，$a_{n+1} - 2 = b_{n+1}$ 等比型の漸化式になった

数列 $\{b_n\}$ は初項 $b_1 = a_1 - 2 = 5 - 2 = 3$，公比 4 の等比数列

であるから，$b_n = 3 \cdot 4^{n-1}$ ← $b_n = ar^{n-1}$

よって，$a_n - 2 = 3 \cdot 4^{n-1}$ $a_n = \boldsymbol{3 \cdot 4^{n-1} + 2}$ ← b_n をもとにもどす（$b_n = a_n - 2$）

練習 25

(1) $a_{n+1} = 2a_n - 3$

$\qquad x = 2x - 3$ とすると，$x = ⓞ3$ ← この 3 を α とする

$a_{n+1} - ⓞ3 = 2a_n - 3 - ⓞ3 = 2(a_n - ⓞ3)$ ← $a_{n+1} - \alpha = \cdots = p(a_n - \alpha)$

ここで，$a_n - 3 = b_n$ とすると，$b_{n+1} = 2b_n$ となり，   ← 等比型の漸化式になった

数列 $\{b_n\}$ は初項 $b_1=a_1-3=-2$, 公比 2 の等比数列で

あるから, $b_n=-2\cdot 2^{n-1}=-2^n$ 　　　　　　　　← $b_n=ar^{n-1}$

よって, $a_n-3=-2^n$ 　　　　　　　　← b_n をもとにもどす ($b_n=a_n-3$)

$$a_n=-2^n+3$$

(2)　$a_{n+1}=3a_n+2$

　　　　$x=3x+2$ とすると, $x=\boxed{-1}$ 　　　　　　　　← この -1 を α とする

$a_{n+1}-\boxed{(-1)}=3a_n+2-\boxed{(-1)}$ 　　　　　　　　← $a_{n+1}-\alpha=\cdots$
$\qquad\qquad\qquad\qquad\qquad\qquad =p(a_n-\alpha)$

　　$a_{n+1}+1=3(a_n+1)$

ここで, $a_n+1=b_n$ とすると, $b_{n+1}=3b_n$ となり, 数列 　　← 等比型の漸化式になった

$\{b_n\}$ は初項 $a_1+1=4$, 公比 3 の等比数列であるから,

$$b_n=4\cdot 3^{n-1}$$ 　　　　　　　　← $b_n=ar^{n-1}$

よって, $a_n+1=4\cdot 3^{n-1}$ 　　　　　　　　← b_n をもとにもどす ($b_n=a_n+1$)

$$a_n=4\cdot 3^{n-1}-1$$

(3)　$a_{n+1}=-3a_n+4$

　　　　$x=-3x+4$ とすると, $x=\boxed{1}$ 　　　　　　　　← この 1 を α とする

$a_{n+1}-\boxed{1}=-3a_n+4-\boxed{1}$ 　　　　　　　　← $a_{n+1}-\alpha=\cdots$
$\qquad\quad =-3(a_n-\boxed{1})$ 　　　　　　　　　　　　$=p(a_n-\alpha)$

ここで, $a_n-1=b_n$ とすると, $b_{n+1}=-3b_n$ となり, 　　← 等比型の漸化式になった

数列 $\{b_n\}$ は初項 $b_1=a_1-1=4$, 公比 -3 の等比数列

であるから, $b_n=4\cdot(-3)^{n-1}$ 　　　　　　　　← $b_n=ar^{n-1}$

よって, $a_n-1=4\cdot(-3)^{n-1}$ 　　　　　　　　← b_n をもとにもどす ($b_n=a_n-1$)

$$a_n=4\cdot(-3)^{n-1}+1$$

(4)　$a_{n+1}=\dfrac{1}{2}a_n+1$

　　　　$x=\dfrac{1}{2}x+1$ とすると, $x=\boxed{2}$ 　　　　　　　　← この 2 を α とする

$a_{n+1}-\boxed{2}=\dfrac{1}{2}a_n+1-\boxed{2}$ 　　　　　　　　← $a_{n+1}-\alpha=\cdots$
$\qquad\qquad\qquad\qquad\qquad\qquad =p(a_n-\alpha)$

$\qquad\quad =\dfrac{1}{2}(a_n-\boxed{2})$

ここで, $a_n-2=b_n$ とすると, $b_{n+1}=\dfrac{1}{2}b_n$ となり, 　　← 等比型の漸化式になった

数列 $\{b_n\}$ は初項 $b_1=a_1-2=1$, 公比 $\dfrac{1}{2}$ の等比数列

であるから, $b_n=1\cdot\left(\dfrac{1}{2}\right)^{n-1}=\left(\dfrac{1}{2}\right)^{n-1}$ 　　　　　　　　← $b_n=ar^{n-1}$

よって, $a_n-2=\left(\dfrac{1}{2}\right)^{n-1}$ 　　　　　　　　← b_n をもとにもどす ($b_n=a_n-2$)

$$a_n=\left(\dfrac{1}{2}\right)^{n-1}+2$$

練習 26

(1)　$\dfrac{1}{a_n}=b_n$ より, 漸化式(*)は $b_{n+1}=3b_n-2$ 　　　　　　　　← $\dfrac{1}{a_{n+1}}=b_{n+1}$

(2)　$x=3x-2$ とすると, $x=\boxed{1}$ 　　　　　　　　← この 1 を α とする

　　$b_{n+1}-\boxed{1}=3b_n-2-\boxed{1}=3(b_n-\boxed{1})$ 　　　　　　　　← $b_{n+1}-\alpha=\cdots=p(b_n-\alpha)$

ここで，$b_n-1=c_n$ とすると，$c_{n+1}=3c_n$ となり，　　←等比型の漸化式になった

数列 $\{c_n\}$ は初項 $c_1=b_1-1=\dfrac{1}{a_1}-1=2-1=1$，

公比 3 の等比数列であるから，

$\quad c_n=1\cdot3^{n-1}=3^{n-1}$　　　　　　　　←$c_n=ar^{n-1}$

よって，$b_n-1=3^{n-1}$ より，$b_n=3^{n-1}+1$　　←c_n をもとにもどす $(c_n=b_n-1)$

(3)　$\dfrac{1}{a_n}=b_n$ より，$a_n=\dfrac{1}{b_n}=\dfrac{1}{3^{n-1}+1}$

14 数学的帰納法(1)

考え方　$n=k$ のとき仮定した式を利用することを意識しよう。

問 14

(i)　$n=1$ のとき，左辺$=1$，右辺$=1^2=1$ より$(*)$は成り立つ。　　←(i) $n=1$ のときは，直接証明

(ii)　$n=k$ のとき$(*)$は成り立つと仮定すると，　　←(ii) $n=k$ のときを仮定して，$n=k+1$ でも成り立つことを示す

$\quad 1+3+5+\cdots+(2k-1)=k^2$　　　　　…①

このとき，$n=k+1$ でも$(*)$が成り立つ，すなわち

$\quad 1+3+5+\cdots+(2k-1)+(2k+1)=(k+1)^2$　…②

が成り立つことを示す。

①より，②の左辺$=1+3+\cdots+(2k-1)+(2k+1)$　　←①より $1+3+\cdots+(2k-1)$ は k^2 に等しい

$\qquad\qquad =k^2+(2k+1)=(k+1)^2=$②の右辺

ゆえに，$n=k+1$ のときも$(*)$が成り立つ。

(i), (ii)より，すべての自然数 n について，$(*)$は成り立つ。

練習 27

(1)　(i)　$n=1$ のとき，左辺$=1\cdot2=2$　　←$n=1$ のときは，直接証明

右辺$=(1+1)\cdot1^2=2$ より$(*)$は成り立つ。

(ii)　$n=k$ のとき，$(*)$が成り立つと仮定すると，

$\quad 1\cdot2+2\cdot5+3\cdot8+\cdots+k(3k-1)=(k+1)k^2$　　　　…①

このとき，$n=k+1$ でも$(*)$が成り立つ，すなわち

$\quad 1\cdot2+2\cdot5+3\cdot8+\cdots+\underset{n=k}{k(3k-1)}+\underset{n=k+1}{(k+1)(3k+2)}=(k+2)(k+1)^2$　…②　　←①の右辺の k に $(k+1)$ を代入する

が成り立つことを示す。

①より，②の左辺$=1\cdot2+2\cdot5+3\cdot8+\cdots+k(3k-1)+(k+1)(3k+2)$　　←①より $1\cdot2+\cdots+k(3k-1)$ は $(k+1)k^2$ に等しい

$\qquad\qquad =(k+1)k^2+(k+1)(3k+2)$

$\qquad\qquad =(k+1)(k^2+3k+2)$　　←共通因数 $k+1$ でくくる

$\qquad\qquad =(k+1)(k+1)(k+2)$　　←因数分解

$\qquad\qquad =(k+2)(k+1)^2=$②の右辺

ゆえに，$n=k+1$ のときも$(*)$が成り立つ。

(i), (ii)より，すべての自然数 n について，$(*)$は成り立つ。

(2)　(i)　$n=1$ のとき，左辺$=1$，右辺$=2^1-1=1$ より$(*)$は成り立つ。　　←$n=1$ のときは，直接証明

(ii)　$n=k$ のとき，$(*)$が成り立つと仮定すると，

$\quad 1+2+2^2+\cdots+2^{k-1}=2^k-1$　　　　…①

このとき，$n=k+1$ でも$(*)$が成り立つ，すなわち

$$1+2+2^2+\cdots+\underset{n=k}{\underline{2^{k-1}}}+\underset{n=k+1}{\underline{2^k}}=\underset{\sim}{2^{k+1}-1} \quad \cdots②$$

←①の右辺の k に $(k+1)$ を代入する

が成り立つことを示す。

①より，②の左辺$=\underset{\sim}{1+2+2^2+\cdots+2^{k-1}}+2^k$

←①より $1+2+\cdots+2^{k-1}$ は 2^k-1 に等しい

$\qquad\qquad\qquad =2^k-1+2^k=2\cdot2^k-1=2^{k+1}-1=②$の右辺

←$2^k+2^k=2\cdot2^k=2^1\cdot2^k=2^{1+k}$

ゆえに，$n=k+1$ のときも(*)が成り立つ。

(i)，(ii)より，すべての自然数 n について，(*)は成り立つ。

(3) (i) $n=1$ のとき，左辺$=1\cdot1=1$，右辺$=(1-1)\cdot2^1+1=1$ より

←$n=1$ のときは，直接証明

(*)は成り立つ。

(ii) $n=k$ のとき，(*)が成り立つと仮定すると，

$$1\cdot1+2\cdot2+3\cdot2^2+\cdots+k\cdot2^{k-1}=(k-1)\cdot2^k+1 \qquad \cdots①$$

このとき，$n=k+1$ でも(*)が成り立つ，すなわち

$$1\cdot1+2\cdot2+3\cdot2^2+\cdots+\underset{n=k}{\underline{k\cdot2^{k-1}}}+\underset{n=k+1}{\underline{(k+1)\cdot2^k}}=k\cdot2^{k+1}+1 \quad \cdots②$$

が成り立つことを示す。

①より，②の左辺$=\underset{\sim}{1\cdot1+2\cdot2+3\cdot2^2+\cdots+k\cdot2^{k-1}}+(k+1)\cdot2^k$

←①より $1\cdot1+\cdots+k\cdot2^{k-1}$ は $(k-1)\cdot2^k+1$ に等しい

$\qquad\qquad\qquad =(k-1)\cdot2^k+1+(k+1)\cdot2^k$

$\qquad\qquad\qquad =2k\cdot2^k+1=k\cdot2^{k+1}+1=②$の右辺

←$2k\cdot2^k=k\cdot2\cdot2^k=k\cdot2^{k+1}$

ゆえに，$n=k+1$ のときも(*)が成り立つ。

(i)，(ii)より，すべての自然数 n について，(*)は成り立つ。

数学的帰納法（2）

考え方 ① 倍数の証明は，$n=k$ のときの式が，その倍数であることを式で表そう。
　　　② 不等式の証明は，$A>B$，$B>C \Rightarrow A>C$ を利用しよう。

問 15

(1) (i) $n=1$ のとき，$n^3+5n=6$ であるから，3 の倍数である。

←$n=1$ のときは，直接証明

(ii) $n=k$ のとき成り立つと仮定すると，k^3+5k は 3 の倍数であるから，

$\qquad k^3+5k=3m$（m は整数）$\cdots①$　とおける。

このとき，$n=k+1$ では，

$$(k+1)^3+5(k+1)=\underset{\sim}{k^3+3k^2+3k+1+5k}+5$$

←①より，$\underset{\sim}{k^3+5k}=3m$

$$\qquad\qquad\qquad =\underset{\sim}{3m}+3k^2+3k+6=3(k^2+k+m+2)$$

となり，$k^2+k+m+2$ は整数であるから，この式は 3 の倍数になる。

よって，$n=k+1$ のときも成り立つ。

(i)，(ii)より，すべての自然数 n について，n^3+5n は 3 の倍数である。

(2) (i) $n=1$ のとき，左辺$=3$，右辺$=2$ より(*)は成り立つ。

←（左辺）＞（右辺）

(ii) $n=k$ のとき成り立つと仮定すると，$3^k>2k$　$\cdots①$

このとき，$n=k+1$ でも(*)が成り立つ，すなわち，$3^{k+1}>2(k+1)$

←$n=k+1$ のとき成り立つ式を調べる

が成り立つことを示す。

①の両辺を 3 倍して，$3\cdot3^k>6k$ より，$3^{k+1}>6k$　$\cdots②$

←①の式を利用する

ここで，$6k-2(k+1)=4k-2$

←$6k>2(k+1)$ を示す

$k\geqq1$ であるから，$4k-2>0$　よって，$6k>2(k+1)$　$\cdots③$

←k は自然数より，$k\geqq1$

②，③より，$3^{k+1}>6k>2(k+1)$

ゆえに，$n=k+1$ のときも(*)が成り立つ。

(i)，(ii)より，すべての自然数 n について，(*)は成り立つ。

練習 28

(i) $n=1$ のとき，$n^3-n=0$ であるから，6 の倍数である。 ← $0=6\times0$

(ii) $n=k$ のとき成り立つと仮定すると，k^3-k は 6 の倍数であるから，

$\quad k^3-k=6m$（m は整数） …① とおける。

このとき，$n=k+1$ では，

$\quad (k+1)^3-(k+1)=\underline{k^3}+3k^2+3k+1\underline{-k}-1$ ← ①より，$\underset{\sim}{k^3-k}=\underset{\sim}{6m}$

$\qquad\qquad\qquad\quad =\underline{6m}+3k^2+3k=6m+3k(k+1)$

ここで，$k(k+1)$ は 2 の倍数であるから， ← $k(k+1)$ は連続する整数の積であるから偶数

$3k(k+1)$ は 6 の倍数である。

よって，$6m+3k(k+1)$ は 6 の倍数になるから，

$n=k+1$ のときも成り立つ。

(i)，(ii)より，すべての自然数 n について，n^3-n は 6 の倍数である。

練習 29

(1) (i) $n=1$ のとき，$5^1-1=4$ より 4 の倍数である。

(ii) $n=k$ のとき 4 の倍数であると仮定すると，$5^k-1=4m$（m は整数）

とおける。

このとき，$5^{k+1}-1=5\cdot\underline{5^k}-1=5(\underline{4m+1})-1$ ← $5^k-1=4m$ より $\underset{\sim}{5^k}=\underset{\sim}{4m+1}$

$\qquad\qquad\qquad =20m+4=4(5m+1)$ ← $4\times$（整数）より 4 の倍数

であるから，$n=k+1$ のときも 5^n-1 は 4 の倍数である。

(i)，(ii)より，すべての自然数 n について 5^n-1 は 4 の倍数である。

(2) (i) $n=1$ のとき，$4^1+2=6$ より 6 の倍数である。

(ii) $n=k$ のとき 6 の倍数であると仮定すると，$4^k+2=6l$（l は整数）

とおける。

このとき，$4^{k+1}+2=4\cdot\underline{4^k}+2=4(\underline{6l-2})+2$ ← $4^k+2=6l$ より $\underset{\sim}{4^k}=\underset{\sim}{6l-2}$

$\qquad\qquad\qquad =24l-6=6(4l-1)$ ← $6\times$（整数）より 6 の倍数

であるから，$n=k+1$ のときも 4^n+2 は 6 の倍数である。

(i)，(ii)より，すべての自然数 n について 4^n+2 は 6 の倍数である。

練習 30

(i) $n=2$ のとき，左辺$=3^2=9$，右辺$=2\cdot2+1=5$ より(*)は成り立つ。 ← （左辺）＞（右辺）

(ii) $n=k$ のとき成り立つと仮定すると，$3^k>2k+1$ …①

このとき，$n=k+1$ でも(*)が成り立つ，すなわち，

$\quad 3^{k+1}>2(k+1)+1 \qquad 3^{k+1}>2k+3$ ← $n=k+1$ のとき成り立つ式を調べる

が成り立つことを示す。

①の両辺を 3 倍して，$3\cdot3^k>3(2k+1)$ ← ①の式を利用する

$\qquad\qquad\qquad 3^{k+1}>6k+3$ …②

ここで，$(6k+3)-(2k+3)=4k$ ← $6k+3>2k+3$ を示す

$k\geqq2$ であるから，$4k>0$ ← n は 2 以上の自然数より，$k\geqq2$

よって，$6k+3>2k+3$ …③

②，③より，$3^{k+1}>6k+3>2k+3$

ゆえに，$n=k+1$ のときも(*)が成り立つ。

(i)，(ii)より，2 以上のすべての自然数 n について，(*)は成り立つ。

16・ 確率変数と期待値

> 考え方　確率変数 X の期待値 $E(X)$ は $p_k = P(X = x_k)$ とするとき,
> $$E(X) = x_1 p_1 + x_2 p_2 + \cdots + x_n p_n$$
> 確率変数 Y が, 確率変数 X から $Y = aX + b$ と求められれば, $E(Y) = aE(X) + b$ である。

問16

(1) $\quad P(X = 0) = \dfrac{{}_2C_0 \times {}_3C_2}{{}_5C_2} = \dfrac{3}{10}$

$\quad\quad P(X = 1) = \dfrac{{}_2C_1 \times {}_3C_1}{{}_5C_2} = \dfrac{6}{10}$

$\quad\quad P(X = 2) = \dfrac{{}_2C_2 \times {}_3C_0}{{}_5C_2} = \dfrac{1}{10}$

← ${}_nC_0 = {}_nC_n = 1$, ${}_nC_r = {}_nC_{n-r}$ などを利用する
$\quad {}_2C_0 = 1$, ${}_3C_2 = \dfrac{3 \cdot 2}{2 \cdot 1} = 3$, ${}_5C_2 = \dfrac{5 \cdot 4}{2 \cdot 1} = 10$

← ${}_2C_1 = \dfrac{2}{1} = 2$, ${}_3C_1 = \dfrac{3}{1} = 3$

← ${}_2C_2 = \dfrac{2 \cdot 1}{2 \cdot 1} = 1$ $({}_2C_2 = {}_2C_0 = 1)$, ${}_3C_0 = 1$

より, 確率分布は次の表のようになる。

X	0	1	2	計
P	$\dfrac{3}{10}$	$\dfrac{6}{10}$	$\dfrac{1}{10}$	1

(2) $\quad E(X) = 0 \cdot \dfrac{3}{10} + 1 \cdot \dfrac{6}{10} + 2 \cdot \dfrac{1}{10} = \dfrac{4}{5}$

(3) $\quad E(Y) = E(3X - 1) = 3E(X) - 1 = 3 \cdot \dfrac{4}{5} - 1 = \dfrac{7}{5}$

練習31

(1) 当たりくじの本数 X は $X = 0, 1, 2$ であるから,

$\quad\quad P(X = 0) = \dfrac{{}_2C_0 \times {}_4C_3}{{}_6C_3} = \dfrac{1}{5}$

$\quad\quad P(X = 1) = \dfrac{{}_2C_1 \times {}_4C_2}{{}_6C_3} = \dfrac{3}{5}$

$\quad\quad P(X = 2) = \dfrac{{}_2C_2 \times {}_4C_1}{{}_6C_3} = \dfrac{1}{5}$

← ${}_4C_3 = \dfrac{4 \cdot 3 \cdot 2}{3 \cdot 2 \cdot 1} = 4$ $({}_4C_3 = {}_4C_1 = 4)$, ${}_6C_3 = \dfrac{6 \cdot 5 \cdot 4}{3 \cdot 2 \cdot 1} = 20$

← ${}_4C_2 = \dfrac{4 \cdot 3}{2 \cdot 1} = 6$

よって, 確率分布は次の表のようになる。

X	0	1	2	計
P	$\dfrac{1}{5}$	$\dfrac{3}{5}$	$\dfrac{1}{5}$	1

したがって,

$\quad E(X) = 0 \cdot \dfrac{1}{5} + 1 \cdot \dfrac{3}{5} + 2 \cdot \dfrac{1}{5} = 1$

(2) 当たりくじが X 本のとき, はずれくじは $(3 - X)$ 本であるから,

$\quad\quad Y = 100X + 10(3 - X) = 90X + 30$

したがって,

$\quad\quad E(Y) = E(90X + 30) = 90E(X) + 30 = 90 \cdot 1 + 30 = \mathbf{120}$ **(円)**

17 確率変数の分散と標準偏差

考え方　$E(X)=m$ とすると,
$$V(X)=(x_1-m)^2 p_1+(x_2-m)^2 p_2+\cdots+(x_n-m)^2 p_n=E(X^2)-\{E(X)\}^2$$
$$\sigma(X)=\sqrt{V(X)}$$

問 17

問 16 の結果を用いると,

$$V(X)=\left(0-\frac{4}{5}\right)^2\cdot\frac{3}{10}+\left(1-\frac{4}{5}\right)^2\cdot\frac{6}{10}+\left(2-\frac{4}{5}\right)^2\cdot\frac{1}{10}$$

$$=\frac{16}{25}\cdot\frac{3}{10}+\frac{1}{25}\cdot\frac{6}{10}+\frac{36}{25}\cdot\frac{1}{10}=\frac{9}{25}$$

$$\sigma(X)=\sqrt{\frac{9}{25}}=\frac{3}{5}$$

別解

$$E(X^2)=0^2\cdot\frac{3}{10}+1^2\cdot\frac{6}{10}+2^2\cdot\frac{1}{10}=1$$

より,

$$V(X)=E(X^2)-\{E(X)\}^2=1-\left(\frac{4}{5}\right)^2=\frac{9}{25}$$

←X^2 の確率分布は次の表のようになる

X^2	0^2	1^2	2^2	計
P	$\frac{3}{10}$	$\frac{6}{10}$	$\frac{1}{10}$	1

練習 32

練習 31 の結果を用いると,

$$V(X)=(0-1)^2\cdot\frac{1}{5}+(1-1)^2\cdot\frac{3}{5}+(2-1)^2\cdot\frac{1}{5}$$

$$=1\cdot\frac{1}{5}+0\cdot\frac{3}{5}+1\cdot\frac{1}{5}=\frac{2}{5}$$

$$\sigma(X)=\sqrt{\frac{2}{5}}=\frac{\sqrt{10}}{5}$$

また,

$$V(Y)=V(90X+30)$$

$$=90^2 V(X)=8100\cdot\frac{2}{5}=3240$$

←$V(aX+b)=a^2 V(X)$

$$\sigma(Y)=\sigma(90X+30)=|90|\sigma(X)=90\cdot\frac{\sqrt{10}}{5}=18\sqrt{10}$$

←$\sigma(aX+b)=|a|\sigma(X)$
　または $\sigma(Y)=\sqrt{V(Y)}=18\sqrt{10}$ としてもよい

別解

$$E(X^2)=0^2\cdot\frac{1}{5}+1^2\cdot\frac{3}{5}+2^2\cdot\frac{1}{5}=\frac{7}{5}$$

より,

$$V(X)=E(X^2)-\{E(X)\}^2=\frac{7}{5}-1^2=\frac{2}{5}$$

←X^2 の確率分布は次の表のようになる

X^2	0^2	1^2	2^2	計
P	$\frac{1}{5}$	$\frac{3}{5}$	$\frac{1}{5}$	1

18 確率変数の和と積(1)

考え方　2つの確率変数 X, Y について, $E(X+Y)=E(X)+E(Y)$

問 18

(1) $E(X)=1\cdot\frac{1}{3}+3\cdot\frac{1}{3}+5\cdot\frac{1}{3}=3$

(2)　$E(Y) = 1 \cdot \dfrac{1}{2} + 2 \cdot \dfrac{1}{3} + 3 \cdot \dfrac{1}{6} = \dfrac{5}{3}$ であるから，

　　$E(X+Y) = E(X) + E(Y) = 3 + \dfrac{5}{3} = \dfrac{\mathbf{14}}{\mathbf{3}}$

(3)　$E(Z) = E(2X - 3Y) = 2 \cdot 3 - 3 \cdot \dfrac{5}{3} = \mathbf{1}$　　　　← $E(2X-3Y) = 2E(X) - 3E(Y)$

練習 33

10 円硬貨の表の出る枚数を X とすると，その確率分布は次の通りである。

X	0	1	計
P	$\dfrac{1}{2}$	$\dfrac{1}{2}$	1

50 円硬貨の表の出る枚数 Y，100 円硬貨の表の出る枚数 Z も同様であるから，

$$E(X) = E(Y) = E(Z) = 0 \cdot \dfrac{1}{2} + 1 \cdot \dfrac{1}{2} = \dfrac{1}{2}$$

したがって，表の出た硬貨の合計金額 $10X + 50Y + 100Z$ の期待値は

$$E(10X + 50Y + 100Z) = 10E(X) + 50E(Y) + 100E(Z) = (10 + 50 + 100) \cdot \dfrac{1}{2} = \mathbf{80}\ \mathbf{(円)}$$

19 確率変数の和と積(2)

考え方　確率変数 X，Y が独立であるとき
$$E(XY) = E(X)E(Y), \quad V(X+Y) = V(X) + V(Y)$$

問 19

(1)　確率変数 X，Y は独立であるから，**問18**の結果より，

　　$E(XY) = E(X)E(Y) = 3 \cdot \dfrac{5}{3} = \mathbf{5}$

(2)　$E(X^2) = \dfrac{1}{3}(1^2 + 3^2 + 5^2) = \dfrac{35}{3}$

　　$E(Y^2) = 1^2 \cdot \dfrac{1}{2} + 2^2 \cdot \dfrac{1}{3} + 3^2 \cdot \dfrac{1}{6} = \dfrac{10}{3}$

より，

　　$V(X) = \dfrac{35}{3} - 3^2 = \dfrac{8}{3}$

　　$V(Y) = \dfrac{10}{3} - \left(\dfrac{5}{3}\right)^2 = \dfrac{5}{9}$

確率変数 X，Y は独立であるから，

　　$V(X+Y) = V(X) + V(Y) = \dfrac{8}{3} + \dfrac{5}{9} = \dfrac{\mathbf{29}}{\mathbf{9}}$

← X^2，Y^2 の確率分布は次の表のようになる

X^2	1^2	3^2	5^2	計
P	$\dfrac{1}{3}$	$\dfrac{1}{3}$	$\dfrac{1}{3}$	1

Y^2	1^2	2^2	3^2	計
P	$\dfrac{1}{2}$	$\dfrac{1}{3}$	$\dfrac{1}{6}$	1

← $V(X) = E(X^2) - \{E(X)\}^2$

← $V(Y) = E(Y^2) - \{E(Y)\}^2$

練習 34

それぞれ期待値と分散を計算すると，

$$E(X) = 0 \cdot \dfrac{1}{2} + 1 \cdot \dfrac{1}{2} = \dfrac{1}{2}, \quad E(X^2) = 0^2 \cdot \dfrac{1}{2} + 1^2 \cdot \dfrac{1}{2} = \dfrac{1}{2}$$

$$E(Y) = 0 \cdot \dfrac{2}{3} + 1 \cdot \dfrac{1}{3} = \dfrac{1}{3}, \quad E(Y^2) = 0^2 \cdot \dfrac{2}{3} + 1^2 \cdot \dfrac{1}{3} = \dfrac{1}{3}$$

$$E(Z)=0\cdot\frac{5}{6}+1\cdot\frac{1}{6}=\frac{1}{6}, \quad E(Z^2)=0^2\cdot\frac{5}{6}+1^2\cdot\frac{1}{6}=\frac{1}{6}$$

より,

$$V(X)=\frac{1}{2}-\left(\frac{1}{2}\right)^2=\frac{1}{4} \qquad \leftarrow V(X)=E(X^2)-\{E(X)\}^2$$

$$V(Y)=\frac{1}{3}-\left(\frac{1}{3}\right)^2=\frac{2}{9} \qquad \leftarrow V(Y)=E(Y^2)-\{E(Y)\}^2$$

$$V(Z)=\frac{1}{6}-\left(\frac{1}{6}\right)^2=\frac{5}{36} \qquad \leftarrow V(Z)=E(Z^2)-\{E(Z)\}^2$$

X, Y, Z は独立であるから,

$$V(X+Y+Z)=V(X)+V(Y)+V(Z)$$
$$=\frac{1}{4}+\frac{2}{9}+\frac{5}{36}=\frac{11}{18}$$

20 二項分布

 確率変数 X が二項分布 $B(n,\ p)$ に従うとき,

$$E(X)=np, \qquad V(X)=npq, \qquad \sigma(X)=\sqrt{npq} \qquad \text{ただし, } q=1-p$$

問 20

(1) X は二項分布 $B\left(5,\ \dfrac{1}{3}\right)$ に従うので,

$$P(X=3)={}_5C_3\left(\frac{1}{3}\right)^3\left(1-\frac{1}{3}\right)^2=\frac{40}{243}$$

$\leftarrow$ 3 の倍数の目 (3 と 6) が出る確率は $\dfrac{2}{6}=\dfrac{1}{3}$

$\leftarrow {}_5C_3={}_5C_2=\dfrac{5\cdot4}{2\cdot1}=10,\ \left(\dfrac{1}{3}\right)^3\left(\dfrac{2}{3}\right)^2=\dfrac{2^2}{3^5}=\dfrac{4}{243}$

(2) $E(X)=5\cdot\dfrac{1}{3}=\dfrac{5}{3}$

$\leftarrow E(X)=np$

(3) $V(X)=5\cdot\dfrac{1}{3}\left(1-\dfrac{1}{3}\right)=\dfrac{10}{9}$

$\leftarrow V(X)=npq=np(1-p)$

(4) $\sigma(X)=\sqrt{V(X)}=\sqrt{\dfrac{10}{9}}=\dfrac{\sqrt{10}}{3}$

$\leftarrow \sigma(X)=\sqrt{V(X)}$

練習 35

取り出した 2 個の玉の色が異なるのは白玉と黒玉を
1 個ずつ取り出すときで, その確率は

$$\frac{{}_3C_1\times{}_4C_1}{{}_7C_2}=\frac{3\cdot4}{21}=\frac{4}{7}$$

$\leftarrow {}_3C_1=3,\ {}_4C_1=4,\ {}_7C_2=\dfrac{7\cdot6}{2\cdot1}=21$

したがって, 確率変数 X は二項分布 $B\left(50,\ \dfrac{4}{7}\right)$ に従う。

よって, X の期待値は $E(X)=50\cdot\dfrac{4}{7}=\dfrac{200}{7}$

$\leftarrow E(X)=np$

分散は $V(X)=50\cdot\dfrac{4}{7}\cdot\left(1-\dfrac{4}{7}\right)=\dfrac{600}{49}$

$\leftarrow V(X)=npq=np(1-p)$

標準偏差は $\sigma(X)=\sqrt{\dfrac{600}{49}}=\dfrac{10\sqrt{6}}{7}$

$\leftarrow \sigma(X)=\sqrt{V(X)}$

連続型確率変数

連続型確率変数 X の確率密度関数が $f(x)$ であるとき，
$$P(a \leqq X \leqq b) = \int_a^b f(x)dx$$

問 21

(1) $P(0 \leqq X \leqq 0.5) = \int_0^{0.5}\left(x+\frac{1}{2}\right)dx = \left[\frac{x^2}{2}+\frac{x}{2}\right]_0^{0.5}$
$$= \frac{0.25}{2}+\frac{0.5}{2} = \mathbf{0.375}$$

(2) $P(0 \leqq X \leqq 1) = \int_0^1\left(x+\frac{1}{2}\right)dx = \left[\frac{x^2}{2}+\frac{x}{2}\right]_0^1 = \frac{1}{2}+\frac{1}{2} = \mathbf{1}$

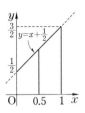

練習 36

(1) $P(-0.5 \leqq X \leqq 0.5) = \int_{-0.5}^{0.5}\left(\frac{1}{2}x+\frac{1}{2}\right)dx = \left[\frac{x^2}{4}+\frac{x}{2}\right]_{-0.5}^{0.5}$
$$= \left(\frac{0.25}{4}+\frac{0.5}{2}\right)-\left(\frac{0.25}{4}-\frac{0.5}{2}\right) = \mathbf{0.5}$$

(2) $P(a \leqq X \leqq b) = \int_a^b dx = \left[x\right]_a^b = \boldsymbol{b-a}$

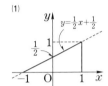

 正規分布

確率変数 X が正規分布 $N(m, \sigma^2)$ に従うとき，$Z=\dfrac{X-m}{\sigma}$ とおくと，確率変数 Z は標準正規分布 $N(0, 1)$ に従う。
確率変数 Z が標準正規分布 $N(0, 1)$ に従うとき，$P(0 \leqq Z \leqq z_0)$ の値は巻末 p. 47 の「正規分布表」を用いて調べることができる。

問 22

(1) $P(0 \leqq Z \leqq 2.74) = \mathbf{0.4969}$

(2) $P(-1.92 \leqq Z \leqq 0.78)$
$= P(-1.92 \leqq Z \leqq 0)+P(0 \leqq Z \leqq 0.78)$
$= P(0 \leqq Z \leqq 1.92)+P(0 \leqq Z \leqq 0.78)$
$= 0.4726+0.2823 = \mathbf{0.7549}$

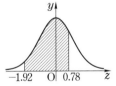
← 標準正規分布の分布曲線は y 軸に関して対称

(3) $Z=\dfrac{X-2}{3}$ とおくと，Z は標準正規分布 $N(0, 1)$ に従う。
$$X=-1 のとき Z=\frac{-1-2}{3}=-1, \quad X=8 のとき Z=\frac{8-2}{3}=2$$
であるから，
$P(-1 \leqq X \leqq 8) = P(-1 \leqq Z \leqq 2)$
$= P(0 \leqq Z \leqq 1)+P(0 \leqq Z \leqq 2)$
$= 0.3413+0.4772 = \mathbf{0.8185}$

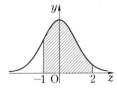

練習 37

(1) $P(Z \leqq 0.16) = 0.5+P(0 \leqq Z \leqq 0.16)$
$\qquad = 0.5+0.0636 = \mathbf{0.5636}$

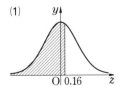
← 標準正規分布の分布曲線は y 軸対称で，$P(Z \leqq 0)=P(Z \geqq 0)$ $=0.5$ である

(2) $P(Z \geq 0.57) = 0.5 - P(0 \leq Z \leq 0.57)$
$= 0.5 - 0.2157 = \mathbf{0.2843}$

(3) $P(0.14 \leq Z \leq 1.28)$
$= P(0 \leq Z \leq 1.28) - P(0 \leq Z \leq 0.14)$
$= 0.3997 - 0.0557 = \mathbf{0.3440}$

(4) $P(-2.05 \leq Z \leq -0.80)$
$= P(0.80 \leq Z \leq 2.05)$
$= P(0 \leq Z \leq 2.05) - P(0 \leq Z \leq 0.80)$
$= 0.4798 - 0.2881 = \mathbf{0.1917}$

(2)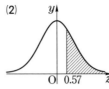

(3)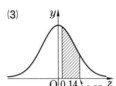

← 集合を考えると $=0.5-P(0 \leq Z<0.57)$ となるが，連続型確率変数が確率密度関数 $f(z)$ を持てば
$$P(Z=0.57)=\int_{0.57}^{0.57} f(z)dz=0$$
から，$P(0 \leq Z<0.57)=P(0 \leq Z \leq 0.57)$ が成り立つ

← 有効数字が 4 桁という意味から，最後の 0 は省略しない

← 標準正規分布の分布曲線は y 軸対称

練習 38

$Z = \dfrac{X-4}{5}$ とおくと，Z は標準正規分布 $N(0, 1)$ に従う。

(1) $X=5$ のとき $Z=\dfrac{5-4}{5}=0.2$ より，

$P(X \leq 5) = P(Z \leq 0.2)$
$= 0.5 + P(0 \leq Z \leq 0.2)$
$= 0.5 + 0.0793 = \mathbf{0.5793}$

← 標準正規分布の分布曲線は y 軸対称で，$P(Z \leq 0)=0.5$ である

(2) $X=6$ のとき $Z=\dfrac{6-4}{5}=0.4$ より，

$P(X \geq 6) = P(Z \geq 0.4)$
$= 0.5 - P(0 \leq Z \leq 0.4)$
$= 0.5 - 0.1554 = \mathbf{0.3446}$

(3) $X=3$ のとき $Z=\dfrac{3-4}{5}=-0.2$, $X=7$ のとき $Z=\dfrac{7-4}{5}=0.6$ より，

$P(3 \leq X \leq 7) = P(-0.2 \leq Z \leq 0.6)$
$= P(0 \leq Z \leq 0.2) + P(0 \leq Z \leq 0.6)$
$= 0.0793 + 0.2257 = \mathbf{0.3050}$

← 標準正規分布の分布曲線は y 軸対称

(4) $X=0$ のとき $Z=\dfrac{0-4}{5}=-0.8$, $X=2$ のとき $Z=\dfrac{2-4}{5}=-0.4$ より，

$P(0 \leq X \leq 2) = P(-0.8 \leq Z \leq -0.4)$
$= P(0 \leq Z \leq 0.8) - P(0 \leq Z \leq 0.4)$
$= 0.2881 - 0.1554 = \mathbf{0.1327}$

← 標準正規分布の分布曲線は y 軸対称

練習 39

男子の身長を X cmとすると，X は正規分布 $N(170.9, 5.8^2)$ に従うとしてよい。

そこで，$Z = \dfrac{X-170.9}{5.8}$ とおくと，Z は標準正規分布 $N(0, 1)$ に従う。

$X=182.5$ のとき，$Z=\dfrac{182.5-170.9}{5.8}=\dfrac{11.6}{5.8}=2$

したがって，

$P(X \geq 182.5) = P(Z \geq 2)$
$= 0.5 - P(0 \leq Z \leq 2)$
$= 0.5 - 0.4772 = 0.0228$

ゆえに，身長が 182.5cm 以上の生徒はおよそ $0.0228 \times 100 \fallingdotseq \mathbf{2.3\%}$ である。

23・ 二項分布の正規分布による近似

 確率変数 X が二項分布 $B(n, p)$ に従うとき，n が大きければ，$Z=\dfrac{X-np}{\sqrt{npq}}$ $(q=1-p)$ は標準正規分布 $N(0, 1)$ に従うとしてよい。

問 23

　1 の目の出る回数を X とすると，X は二項分布 $B\left(180, \dfrac{1}{6}\right)$ に従う。

このとき，

$$E(X)=180 \cdot \dfrac{1}{6}=30, \quad \sigma(X)=\sqrt{180 \cdot \dfrac{1}{6} \cdot \left(1-\dfrac{1}{6}\right)}=5$$

←$E(X)=np, \ \sigma(X)=\sqrt{np(1-p)}$

であるから，$Z=\dfrac{X-30}{5}$ は標準正規分布 $N(0, 1)$ に従う

とみなしてよい。

$X=33$ のとき $Z=\dfrac{33-30}{5}=0.6$ であるから，求める確率は

$$
\begin{aligned}
P(X \geqq 33)&=P(Z \geqq 0.6)=0.5-P(0 \leqq Z \leqq 0.6)\\
&=0.5-0.2257=\mathbf{0.2743}
\end{aligned}
$$

練習 40

(1)　X は二項分布 $B\left(400, \dfrac{1}{2}\right)$ に従う。

　このとき，

$$E(X)=400 \cdot \dfrac{1}{2}=200, \quad \sigma(X)=\sqrt{400 \cdot \dfrac{1}{2} \cdot \left(1-\dfrac{1}{2}\right)}=10$$

←$E(X)=np, \ \sigma(X)=\sqrt{np(1-p)}$

　であるから，$Z=\dfrac{X-200}{10}$ は標準正規分布 $N(0, 1)$ に従う

　とみなしてよい。

　　$X=190$ のとき，$Z=\dfrac{190-200}{10}=-1$

　　$X=210$ のとき，$Z=\dfrac{210-200}{10}=1$ であるから，求める確率は

$$
\begin{aligned}
P(190 \leqq X \leqq 210)&=P(-1 \leqq Z \leqq 1)\\
&=2P(0 \leqq Z \leqq 1)=2 \times 0.3413=\mathbf{0.6826}
\end{aligned}
$$

(2)　同様に $Z=\dfrac{X-200}{10}$ は標準正規分布 $N(0, 1)$ に従う

　とみなしてよい。

　　$X=180$ のとき，$Z=\dfrac{180-200}{10}=-2$

　　$X=220$ のとき，$Z=\dfrac{220-200}{10}=2$

　であるから，求める確率は

$$
\begin{aligned}
P(180 \leqq X \leqq 220)&=P(-2 \leqq Z \leqq 2)\\
&=2P(0 \leqq Z \leqq 2)=2 \times 0.4772=\mathbf{0.9544}
\end{aligned}
$$

母集団と標本

考え方　大きさ N の母集団（変量の値が x_1, x_2, $\cdots$, x_k である個体が
それぞれ f_1, f_2, $\cdots$, f_k 個ある）から標本を抽出することによ
って決まる確率変数 X は，右の表のような確率分布をもつ。
このとき，$E(X)$ を母平均，$\sigma(X)$ を母標準偏差という。

X	x_1	x_2	$\cdots\cdots$	x_k	計
P	$\dfrac{f_1}{N}$	$\dfrac{f_2}{N}$	$\cdots\cdots$	$\dfrac{f_k}{N}$	1

問 24

(1)

X	1	2	3	4	計
P	$\dfrac{4}{10}$	$\dfrac{3}{10}$	$\dfrac{2}{10}$	$\dfrac{1}{10}$	1

← 計算のため分母をあわせた

(2)　$m = \dfrac{1\cdot4 + 2\cdot3 + 3\cdot2 + 4\cdot1}{10} = 2$

$\dfrac{1^2\cdot4 + 2^2\cdot3 + 3^2\cdot2 + 4^2\cdot1}{10} = 5$　より　$\sigma = \sqrt{5 - 2^2} = 1$

← $E(X^2)$

← $V(X) = E(X^2) - \{E(X)\}^2$, $\sigma(X) = \sqrt{V(X)}$

練習 41

母集団分布は

X	1	2	3	4	5	計
P	$\dfrac{320}{525}$	$\dfrac{128}{525}$	$\dfrac{48}{525}$	$\dfrac{25}{525}$	$\dfrac{4}{525}$	1

であるから，母平均は

$m = \dfrac{1\cdot320 + 2\cdot128 + 3\cdot48 + 4\cdot25 + 5\cdot4}{525} = \dfrac{840}{525} = \dfrac{8}{5}$

また，母分散は

$\dfrac{1^2\cdot320 + 2^2\cdot128 + 3^2\cdot48 + 4^2\cdot25 + 5^2\cdot4}{525} = \dfrac{1764}{525} = \dfrac{84}{25}$

← $E(X^2)$

より　$\sigma^2 = \dfrac{84}{25} - \left(\dfrac{8}{5}\right)^2 = \dfrac{20}{25} = \dfrac{4}{5}$

← $V(X) = E(X^2) - \{E(X)\}^2$

 標本平均

考え方　母平均 m，母標準偏差 σ の母集団から，大きさ n の標本を無作為抽出するとき，

その標本平均 $\overline{X}$ の期待値と標準偏差は $E(\overline{X}) = m$, $\sigma(\overline{X}) = \dfrac{\sigma}{\sqrt{n}}$

$Z = \dfrac{\overline{X} - m}{\dfrac{\sigma}{\sqrt{n}}}$ は，n が大きいとき，標準正規分布 $N(0, 1)$ に従うとみなしてよい。

問 25

(1)　$E(\overline{X}) = 60$, $\sigma(\overline{X}) = \dfrac{16}{\sqrt{64}} = 2$

(2)　$\overline{X}$ は $N(60, 2^2)$ に従うとみなせるから $Z = \dfrac{\overline{X} - 60}{2}$ は

標準正規分布 $N(0, 1)$ に従うとみなせる。

← **25** ②を用いる

$\overline{X}=58$ のとき，$Z=\dfrac{58-60}{2}=-1$ であるから，

$$P(\overline{X}<58)=P(Z<-1)=P(Z>1)$$
$$=0.5-P(0\leqq Z\leqq 1)$$
$$=0.5-0.3413=\boldsymbol{0.1587}$$

←標準正規分布の分布曲線は y 軸対称

（1）　$E(\overline{X})=\boldsymbol{200}$, $\sigma(\overline{X})=\dfrac{40}{\sqrt{400}}=\boldsymbol{2}$

（2）　$\overline{X}$ は $N(200,\ 2^2)$ に従うとみなせるから $Z=\dfrac{\overline{X}-200}{2}$ は

標準正規分布 $N(0,\ 1)$ に従うとみなせる。

$\overline{X}=195$ のとき，$Z=\dfrac{195-200}{2}=-\dfrac{5}{2}=-2.5$

$\overline{X}=205$ のとき，$Z=\dfrac{205-200}{2}=\dfrac{5}{2}=2.5$

であるから，

$$P(195\leqq\overline{X}\leqq 205)=P(-2.5\leqq Z\leqq 2.5)$$
$$=2\times P(0\leqq Z\leqq 2.5)$$
$$=2\times 0.4938=\boldsymbol{0.9876}$$

←標準正規分布の分布曲線は y 軸対称

26 ● 推 定（1）

考え方　母標準偏差 σ の母集団から，大きさ n の標本を抽出する。その標本平均を $\overline{X}$ とすると，n が大きければ，母平均 m に対する信頼度 95％ の信頼区間は $\left[\overline{X}-1.96\times\dfrac{\sigma}{\sqrt{n}},\ \overline{X}+1.96\times\dfrac{\sigma}{\sqrt{n}}\right]$

問 26

標本平均 $\overline{X}$ は 9.08，標本の標準偏差は 0.20,
標本の大きさ n は 400 であるから，

$$1.96\times\dfrac{\sigma}{\sqrt{n}}=1.96\times\dfrac{0.20}{\sqrt{400}}=1.96\times 0.010\fallingdotseq 0.02$$

← n が大きいので，母標準偏差 σ の代わりに標本の標準偏差 0.20 を用いてよい

よって，

$9.08-0.02=9.06$

$9.08+0.02=9.10$

より，この製品の平均の長さ m cmに対する
信頼度 95％ の信頼区間は $[\boldsymbol{9.06,\ 9.10}]$

（1）　母分散 σ^2 は 640，標本の大きさ n は 40 であるから，
標本平均 $\overline{X}$ の標準偏差は

$$\dfrac{\sigma}{\sqrt{n}}=\dfrac{\sqrt{640}}{\sqrt{40}}=\sqrt{16}=\boldsymbol{4}$$

（2）　標本平均 $\overline{X}$ は期待値 120，標準偏差 4 の正規分布に
従うとみなせるので，

$120-1.96\times 4=112.16$

$120+1.96\times 4=127.84$

から，母平均 m に対する信頼度 95% の信頼区間は **[112.16, 127.84]**

推　定(2)

標本の大きさ n が大きいとき，標本比率を R とすると，母比率 p に対する信頼度 95% の信頼区間は $\left[R-1.96\times\sqrt{\dfrac{R(1-R)}{n}},\ R+1.96\times\sqrt{\dfrac{R(1-R)}{n}}\right]$

問 27

標本比率 R は

$$\frac{10}{100}=0.1$$

標本の大きさ n は 100 であるから，

$$1.96\times\sqrt{\frac{R(1-R)}{n}}=1.96\times\sqrt{\frac{0.1\times0.9}{100}}$$

$$=1.96\times\sqrt{\frac{9}{10000}}=1.96\times\frac{3}{100}=0.0588$$

よって，

$$0.1-0.0588=0.0412\fallingdotseq0.041$$

$$0.1+0.0588=0.1588\fallingdotseq0.159$$

より，全製品における不良品の比率 p の信頼度 95% の信頼区間は **[0.041, 0.159]**

練習 44

(1)　標本比率 R は

$$\frac{320}{400}=\frac{4}{5}=0.8$$

(2)　標本の大きさ n は 400 であるから，

$$1.96\times\sqrt{\frac{R(1-R)}{n}}=1.96\times\sqrt{\frac{0.8\times0.2}{400}}$$

$$=1.96\times\sqrt{\frac{4}{10000}}=1.96\times\frac{2}{100}=0.0392$$

$$0.8-0.0392=0.7608\fallingdotseq0.76$$

$$0.8+0.0392=0.8392\fallingdotseq0.84$$

から，p に対する信頼度 95% の信頼区間は **[0.76, 0.84]**

← 標本の不良品の比率

　母比率（全製品における不良品の比率）を p とすると，無作為に製品 1 個を取り出したとき，それが不良品である確率は p である製品の数が十分多いとき，100 個取り出したときの不良品の個数 X は二項分布 $B(100,\ p)$ に従う。よって **23** から不良品の個数 X の分布は正規分布 $N(100p,\ 100p(1-p))$ としてよい

　ここで，標本比率 R は $\dfrac{X}{100}$ であるから，**22** より，$\dfrac{X-100p}{\sqrt{100p(1-p)}}$

$=\dfrac{R-p}{\sqrt{\dfrac{p(1-p)}{100}}}$ の分布は標準正規分布 $N(0,\ 1)$ とみなすことができる

「正規分布表」から，$-1.96\leqq\dfrac{R-p}{\sqrt{\dfrac{p(1-p)}{100}}}\leqq1.96$ となる確率が 95% であるから，母比率 p に対する信頼度 95% の信頼区間は

$R-1.96\times\sqrt{\dfrac{p(1-p)}{100}}\leqq p\leqq R+1.96\times\sqrt{\dfrac{p(1-p)}{100}}$ となる

（標本の大きさが十分大きいとき，$\sqrt{\dfrac{p(1-p)}{100}}$ を $\sqrt{\dfrac{R(1-R)}{100}}$ としてよい）

← 標本の賛成者の比率

仮説検定

確率変数 Z が標準正規分布 $N(0,\ 1)$ に従うとき
有意水準 5% の両側検定の棄却域は　$Z\leqq-1.96$ または $1.96\leqq Z$
有意水準 5% の片側検定の棄却域は　$Z\geqq1.64$（あるいは $Z\leqq-1.64$）

問 28

対立仮説を「1 の目が出る確率は $\dfrac{1}{6}$ でない」，

帰無仮説を「1 の目が出る確率は $\dfrac{1}{6}$ である」とする。

この帰無仮説が正しいとすると，720 回のうち 1 の目が
出る回数 X は二項分布 $B\left(720, \dfrac{1}{6}\right)$ に従う。

$$E(X)=720\cdot\dfrac{1}{6}=120$$

$$\sigma(X)=\sqrt{720\cdot\dfrac{1}{6}\cdot\left(1-\dfrac{1}{6}\right)}=10$$

← **20** 二項分布
$E(X)=np, \ \sigma(X)=\sqrt{np(1-p)}$

より，$Z=\dfrac{X-120}{10}$ は標準正規分布 $N(0, 1)$ に従うと

← **23** を用いる

みなしてよい。

正規分布表より $P(-1.96\leqq Z\leqq 1.96)=0.95$ であるから，

有意水準 5% の棄却域は $Z\leqq -1.96$ または $1.96\leqq Z$ である。

$X=100$ のとき $Z=\dfrac{100-120}{10}=-2$ であるから，この値

← $P(-1.96\leqq Z\leqq 1.96)$
$\ =2\cdot P(0\leqq Z\leqq 1.96)$
$\ =2\cdot 0.4750$
$\ =0.9500$

は棄却域に含まれ，帰無仮説は棄却できる。

よって，このさいころの **1 の目が出る確率は** $\dfrac{1}{6}$ **では**

← 対立仮説が正しいと判断できる

ないと判断できる。

問29

　対立仮説を「連続使用時間が短くなった」，帰無仮説を
「連続使用時間が変わらない」とする。

この帰無仮説が正しいとすると，100 個の標本の連続使用可能時間

の平均 $\overline{X}$ は正規分布 $N\left(49.4, \dfrac{6.8^2}{100}\right)$ に従うとみなせる。

← n が大きいので$\sigma=6.8$ とし，
23 を用いる

よって，$Z=\dfrac{\overline{X}-49.4}{\dfrac{6.8}{10}}$ は標準正規分布 $N(0, 1)$ に従うとみなせる。

正規分布表より $P(Z\geqq -1.64)\fallingdotseq 0.95$ であるから，

有意水準 5% の棄却域は $Z\leqq -1.64$ である。

$\overline{X}=48.5$ のとき $Z=\dfrac{48.5-49.4}{0.68}=-1.32\cdots$ であるからこの

← $P(Z\geqq -1.64)=P(Z\leqq 1.64)$
$\ =0.5+P(0\leqq Z\leqq 1.64)$
$\ =0.5+0.4495=0.9495$

値は棄却域に含まれず，帰無仮説は棄却できない。

よって，この製品の連続使用時間の平均は短くなったとは

← 対立仮説が正しいとは判断できない

判断できない。

練習 45

(1)　対立仮説を「1 袋あたりの重さの平均が 500 g と異なる」，
　　帰無仮説を「1 袋あたりの重さの平均が 500 g である」とする。
　　この帰無仮説が正しいとし，母標準偏差を標本標準偏差
　　3.01 g に等しいとみなすと，標本平均 $\overline{X}$ は

　　$N\left(500, \dfrac{3.01^2}{100}\right)$ に従うとみなせる。

← **23** を用いる

　　よって，$Z=\dfrac{\overline{X}-500}{0.301}$ は標準正規分布 $N(0, 1)$ に従う

　　とみなせる。

正規分布表より $P(-1.96 \leqq Z \leqq 1.96)=0.95$ であるから，

有意水準 5% の棄却域は $Z \leqq -1.96$ または $1.96 \leqq Z$ である。

$\overline{X}=499.4$ のとき，$Z=\dfrac{499.4-500}{0.301}=-1.99\cdots$ であるから，

← $P(-1.96 \leqq Z \leqq 1.96)$
$=2 \cdot P(0 \leqq Z \leqq 1.96)$
$=2 \cdot 0.4750$
$=0.9500$

この値は棄却域に含まれ，帰無仮説は棄却できる。

よって，1 袋あたりの重さの平均は 500 g と異なると判断できる。　← 対立仮説が正しいと判断できる

(2)　(1)と同じ対立仮説，帰無仮説を立てる。帰無仮説が正しい

とすると，(1)と同様に標本平均 $\overline{X}$ は $N\left(500, \dfrac{3.01^2}{100}\right)$

に従うとみなせ，$Z=\dfrac{\overline{X}-500}{0.301}$ は標準正規分布 $N(0, 1)$ に

従うとみなせる。

正規分布表より $P(-2.58 \leqq Z \leqq 2.58) \fallingdotseq 0.99$ であるから，

有意水準 1% の棄却域は $Z \leqq -2.58$ または $2.58 \leqq Z$ である。

← $P(-2.58 \leqq Z \leqq 2.58)$
$=2 \cdot P(0 \leqq Z \leqq 2.58)$
$=2 \cdot 0.4951$
$=0.9902$

$\overline{X}=499.4$ のとき，$Z=\dfrac{499.4-500}{0.301}=-1.99\cdots$ であるから，

この値は棄却域に含まれず，帰無仮説は棄却できない。

よって，1 袋あたりの重さの平均が 500 g と異なるとは判断できない。　← 対立仮説が正しいとは判断できない

練習 46　▶

広告を出す前に製品を知っている人の割合は，$\dfrac{50}{2500}=\dfrac{1}{50}=0.02$

であったので，対立仮説を「広告の後に製品を知っている人の割合

が 0.02 より増えた」，帰無仮説を「広告の後に製品を知っている人

の割合が 0.02 である」とする。

この帰無仮説が正しいとすると，2500 人のうち製品を知っている

人数 X は二項分布 $B(2500, 0.02)$ に従う。

← 母比率（製品を知っている人の割合）が 0.02 のとき，無作為に選んだ 1 人が，製品を知っている確率は 0.02 である つまり，1 人にアンケートをとるという試行で，製品を知っているという事象 A の確率が 0.02 である。よって，この試行を 2500 回くり返したとき（つまり，2500 人にアンケート調査をしたとき）に，事象 A の起こる回数 X（製品を知っている人の数）は二項分布 $B(2500, 0.02)$ に従う

$\qquad E(X)=2500 \cdot 0.02=50$

$\qquad \sigma(X)=\sqrt{2500 \cdot 0.02 \cdot (1-0.02)}=7$

← **20** より，$E(X)=np$，$\sigma(X)=\sqrt{npq}$　ただし，$q=1-p$

より，$Z=\dfrac{X-50}{7}$ は標準正規分布 $N(0, 1)$ に従うとみなせる。

← **23** を用いる

正規分布表より $P(Z \leqq 1.64)=0.95$ であるから，

有意水準 5% の棄却域は $Z \geqq 1.64$ である。

← $P(Z \leqq 1.64)$
$=0.5+P(0 \leqq Z \leqq 1.64)$
$=0.5+0.4495$
$=0.9495$

$X=63$ のとき，$Z=\dfrac{63-50}{7}=1.8\cdots$ であるからこの値

は棄却域に含まれ，帰無仮説は棄却できる。

よって，この広告は効果があったと判断できる。　← 対立仮説が正しいと判断できる